● 薛定谔签名

What is Life

(My View of the World)

我的朋友，
生活中什么看起来至关重要？
无论它带来了沉重的压抑，
还是快乐和欣喜。
行动，思想和愿望，
相信我，没有任何意义比得上
在我们所设计的实验中
一个指针的波动。
看穿了自然：也无非只是分子的碰撞，
光疯狂的颤动也不能让你明白基本定律，
更不是你的快乐和战栗让生活有了意义。
世界之灵，如果
可能来自千次的实验，
最终得出了如下结果——
这真是我们所做的吗？

——薛定谔

本书列入“十四五”国家重点图书出版规划

科学元典丛书

The Series of the Great Classics in Science

主　　编　任定成

执行主编　周雁翎

策　　划　周雁翎

丛书主持　陈　静

科学元典是科学史和人类文明史上划时代的丰碑，是人类文化的优秀遗产，是历经时间考验的不朽之作。它们不仅是伟大的科学创造的结晶，而且是科学精神、科学思想和科学方法的载体，具有永恒的意义和价值。

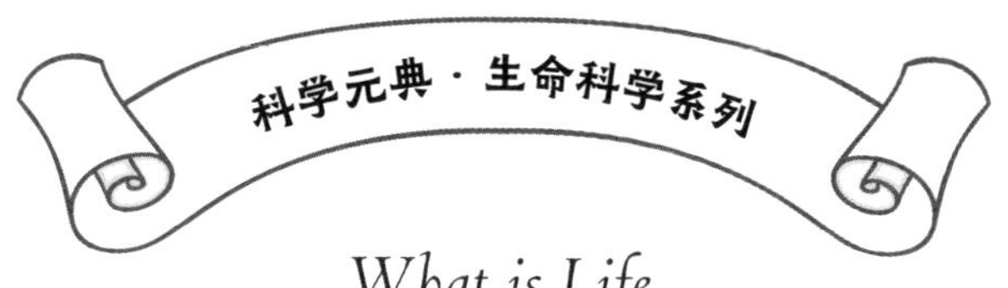

What is Life
(My View of the World)

生命是什么
(附《我的世界观》)

[奥地利] 薛定谔(Erwin Schrödinger)著
周程　胡万亨 译

北京大学出版社
PEKING UNIVERSITY PRESS

图书在版编目（CIP）数据

生命是什么：附《我的世界观》/（奥）薛定谔著；周程，胡万亨译. -- 北京：北京大学出版社，2024. 11. --（科学元典）.

ISBN 978-7-301-35292-2

Ⅰ. Q1-0

中国国家版本馆 CIP 数据核字第 2024H2J099 号

WHAT IS LIFE? THE PHYSICAL ASPECT OF THE LIVING CELL

By Erwin Schrödinger

Cambridge: Cambridge University Press, 1944

MEINE WELTANSICHT

Von Erwin Schrödinger

Frankfurt am Main: Fischer, 1963

书　　名	生命是什么（附《我的世界观》） SHENGMING SHI SHENME（FU《WO DE SHIJIEGUAN》）
著作责任者	［奥地利］薛定谔（Erwin Schrödinger）著　周程　胡万亨 译
丛书策划	周雁翎
丛书主持	陈　静
责任编辑	郭　莉
标准书号	ISBN 978-7-301-35292-2
出版发行	北京大学出版社
地　　址	北京市海淀区成府路 205 号　100871
网　　址	http://www.pup.cn　　新浪微博：@ 北京大学出版社
微信公众号	通识书苑（微信号：sartspku）　　科学元典（微信号：kexueyuandian）
电子邮箱	编辑部 jyzx@pup.cn　　总编室 zpup@pup.cn
电　　话	邮购部 010-62752015　发行部 010-62750672　编辑部 010-62707542
印 刷 者	天津裕同印刷有限公司
经 销 者	新华书店 880 毫米 ×1230 毫米　A5　7.625 印张　200 千字 2024 年 11 月第 1 版　2024 年 11 月第 1 次印刷
定　　价	59.00元（精装）

弁　言

· *Preface to the Series of the Great Classics in Science* ·

这套丛书中收入的著作，是自古希腊以来，主要是自文艺复兴时期现代科学诞生以来，经过足够长的历史检验的科学经典。为了区别于时下被广泛使用的“经典”一词，我们称之为“科学元典”。

我们这里所说的“经典”，不同于歌迷们所说的“经典”，也不同于表演艺术家们朗诵的“科学经典名篇”。受歌迷欢迎的流行歌曲属于“当代经典”，实际上是时尚的东西，其含义与我们所说的代表传统的经典恰恰相反。表演艺术家们朗诵的“科学经典名篇”多是表现科学家们的情感和生活态度的散文，甚至反映科学家生活的话剧台词，它们可能脍炙人口，是否属于人文领域里的经典姑且不论，但基本上没有科学内容。并非著名科学大师的一切言论或者是广为流传的作品都是科学经典。

这里所谓的科学元典，是指科学经典中最基本、最重要的著作，是在人类智识史和人类文明史上划时代的丰碑，是理性精神的载体，具有永恒的价值。

一

科学元典或者是一场深刻的科学革命的丰碑，或者是一个严密的科学体系的构架，或者是一个生机勃勃的科学领域的基石，或者是一座传播科学文明的灯塔。它们既是昔日科学成就的创造性总结，又是未来科学探索的理性依托。

哥白尼的《天体运行论》是人类历史上最具革命性的震撼心灵的著作，它向统治西方思想千余年的地心说发出了挑战，动摇了“正统宗教”学说的天文学基础。伽利略《关于托勒密和哥白尼两大世界体系的对话》以确凿的证据进一步论证了哥白尼学说，更直接地动摇了教会所庇护的托勒密学说。哈维的《心血运动论》以对人类躯体和心灵的双重关怀，满怀真挚的宗教情感，阐述了血液循环理论，推翻了同样统治西方思想千余年、被“正统宗教”所庇护的盖伦学说。笛卡儿的《几何》不仅创立了为后来诞生的微积分提供了工具的解析几何，而且折射出影响万世的思想方法论。牛顿的《自然哲学之数学原理》标志着17世纪科学革命的顶点，为后来的工业革命奠定了科学基础。分别以惠更斯的《光论》与牛顿的《光学》为代表的波动说与微粒说之间展开了长达200余年的论战。拉瓦锡在《化学基础论》中详尽论述了氧化理论，推翻了统治化学百余年之久的燃素理论，这一智识壮举被公认为历史上最自觉的科学革命。道尔顿的《化学哲学新体系》奠定了物质结构理论的基础，开创了科学中的新时代，使19世纪的化学家们有计划地向未知领域前进。傅立叶的《热的解析理论》以其对热传导问题的精湛处理，突破了牛顿的《自然哲学之数学原理》所规定的理论力学范围，开创了数学物理学的崭新领域。达尔文《物种起源》中的进化论思想不仅在生物学发展到分子水平的今天仍然是科学家们阐释的对象，而且100多年来几乎在科学、社会和人文的所有领域都在施展它有形和无形的影响。《基因论》揭示了孟德尔式遗传性状传递机理的物质基础，把生命科学推进到基因水平。爱因斯坦的《狭义与广义相对论浅说》和薛定谔的《关于波动力学的四次演讲》分别阐述了物质世界在高速和微观领域的运动规律，完全改变了自牛顿以来的世界观。魏格纳的《海陆的起源》提出了大陆漂移的猜想，为当代地球科学提供了新的发展基点。维纳的《控制论》揭示了控制系统的反馈过程，普里戈金的《从存在到演化》发现了系统可能从原来无序向新的有序态转化的机制，二者的思想在今天的影响已经远远超越了自然科学领域，影响到经济学、社会学、政治学等领域。

科学元典的永恒魅力令后人特别是后来的思想家为之倾倒。欧几里得的《几何原本》以手抄本形式流传了1800余年，又以印刷本用各种文字出了1000版以上。阿基米德写了大量的科学著作，达·芬奇把他当作偶像崇拜，热切搜求他的手稿。伽利略以他的继承人自居。莱布尼兹则说，了解他的人对后代杰出人物的成就就不会那么赞赏了。为捍卫《天体运行论》中的学说，布鲁诺被教会处以火刑。伽利略因为其《关于托勒密和哥白尼两大世界体系的对话》一书，遭教会的终身监禁，备受折磨。伽利略说吉尔伯特的《论磁》一书伟大得令人嫉妒。拉普拉斯说，牛顿的《自然哲学之数学原理》揭示了宇宙的最伟大定律，它将永远成为深邃智慧的纪念碑。拉瓦锡在他的《化学基础论》出版后5年被法国革命法庭处死，传说拉格朗日悲愤地说，砍掉这颗头颅只要一瞬间，再长出这样的头颅100年也不够。《化学哲学新体系》的作者道尔顿应邀访法，当他走进法国科学院会议厅时，院长和全体院士起立致敬，得到拿破仑未曾享有的殊荣。傅立叶在《热的解析理论》中阐述的强有力的数学工具深深影响了整个现代物理学，推动数学分析的发展达一个多世纪，麦克斯韦称赞该书是“一首美妙的诗”。当人们咒骂《物种起源》是“魔鬼的经典”“禽兽的哲学”的时候，赫胥黎甘做“达尔文的斗犬”，挺身捍卫进化论，撰写了《进化论与伦理学》和《人类在自然界的位置》，阐发达尔文的学说。经过严复的译述，赫胥黎的著作成为维新领袖、辛亥精英、“五四”斗士改造中国的思想武器。爱因斯坦说法拉第在《电学实验研究》中论证的磁场和电场的思想是自牛顿以来物理学基础所经历的最深刻变化。

在科学元典里，有讲述不完的传奇故事，有颠覆思想的心智波涛，有激动人心的理性思考，有万世不竭的精神甘泉。

二

按照科学计量学先驱普赖斯等人的研究，现代科学文献在多数时间里呈指数增长趋势。现代科学界，相当多的科学文献发表之后，并没有任何人引用。就是一时被引用过的科学文献，很多没过多久就被新的文献所淹没了。科学注重的是创造出新的实在知识。从这个意义上说，科学是向前看的。但是，我们也可以看到，这么多文献被淹没，也表明划时代的科学文献数量是很少的。大多数科学元典不被现代科学文献所引用，那是因为其中的知识早已成为科学中无须证明的常识了。即使这样，科学经典也会因为其中思想的恒久意义，而像人文领域里的经典一样，具有永恒的阅读价值。于是，科学经典就被一编再编、一印再印。

早期诺贝尔奖得主奥斯特瓦尔德编的物理学和化学经典丛书“精密自然科学经典”从 1889 年开始出版，后来以“奥斯特瓦尔德经典著作”为名一直在编辑出版，有资料说目前已经出版了 250 余卷。祖德霍夫编辑的“医学经典”丛书从 1910 年就开始陆续出版了。也是这一年，蒸馏器俱乐部编辑出版了 20 卷“蒸馏器俱乐部再版本”丛书，丛书中全是化学经典，这个版本甚至被化学家在 20 世纪的科学刊物上发表的论文所引用。一般把 1789 年拉瓦锡的化学革命当作现代化学诞生的标志，把 1914 年爆发的第一次世界大战称为化学家之战。奈特把反映这个时期化学的重大进展的文章编成一卷，把这个时期的其他 9 部总结性化学著作各编为一卷，辑为 10 卷“1789—1914 年的化学发展”丛书，于 1998 年出版。像这样的某一科学领域的经典丛书还有很多很多。

科学领域里的经典，与人文领域里的经典一样，是经得起反复咀嚼的。两个领域里的经典一起，就可以勾勒出人类智识的发展轨迹。正因为如此，在发达国家出版的很多经典丛书中，就包含了这两个领域的重要著作。1924 年起，沃尔科特开始主编一套包括人文与科学两个领域的原始文献丛书。这个计划先后得到了美国哲学协会、美国科学促进会、美国科学史学会、美国人类学协会、美国数学协会、美国数学学会以及美国天文学学会的支持。1925 年，这套丛书中的《天文学原始文献》和《数学原始文献》出版，这两本书出版后的 25 年内市场情况一直很好。1950 年，沃尔科特把这套丛书中的科学经典部分发展成为“科学史原始文献”丛书出版。其中有《希腊科学原始文献》《中世纪科学原始文献》和《20 世纪（1900—1950 年）科学原始文献》，文艺复兴至 19 世纪则按科学学科（天文学、数学、物理学、地质学、动物生物学以及化学诸卷）编辑出版。约翰逊、米利肯和威瑟斯庞三人主编的“大师杰作丛书”中，包括了小尼德勒编的 3 卷“科学大师杰作”，后者于 1947 年初版，后来多次重印。

在综合性的经典丛书中，影响最为广泛的当推哈钦斯和艾德勒 1943 年开始主持编译的“西方世界伟大著作丛书”。这套书耗资 200 万美元，于 1952 年完成。丛书根据独创性、文献价值、历史地位和现存意义等标准，选择出 74 位西方历史文化巨人的 443 部作品，加上丛书导言和综合索引，辑为 54 卷，篇幅 2500 万单词，共 32000 页。丛书中收入不少科学著作。购买丛书的不仅有“大款”和学者，而且还有屠夫、面包师和烛台匠。迄 1965 年，丛书已重印 30 次左右，此后还多次重印，任何国家稍微像样的大学图书馆都将其列入必藏图书之列。这套丛书是 20 世纪上半叶在美国大学兴起而后扩展到全社会的经典著作研读运动的产物。这个时期，美国一些大学的寓所、校园和酒吧里都能听到学生讨论古典佳作的声音。有的大学要求学生必须深研 100 多部名著，甚至在教学中不得使用最新的实验设备，而是借助历史上的科学大师所使用的方法和仪器复制品去再现划时代的著名实验。至 20 世纪 40 年代末，美国举办古典名著学习班的城市达 300 个，学员 50000 余众。

相比之下，国人眼中的经典，往往多指人文而少有科学。一部公元前 300 年左右古希腊人写就的《几何原本》，从 1592 年到 1605 年的 13 年间先后 3 次汉译而未果，经 17 世纪初和 19 世纪 50 年代的两次努力才分别译刊出全书来。近几百年来移译的西学典籍中，成系统者甚多，但皆系人文领域。汉译科学著作，多为应景之需，所见典籍寥若晨星。借 20 世纪

70年代末举国欢庆“科学春天”到来之良机，有好尚者发出组译出版“自然科学世界名著丛书”的呼声，但最终结果却是好尚者抱憾而终。20世纪90年代初出版的“科学名著文库”，虽使科学元典的汉译初见系统，但以10卷之小的容量投放于偌大的中国读书界，与具有悠久文化传统的泱泱大国实不相称。

我们不得不问：一个民族只重视人文经典而忽视科学经典，何以自立于当代世界民族之林呢？

三

科学元典是科学进一步发展的灯塔和坐标。它们标识的重大突破，往往导致的是常规科学的快速发展。在常规科学时期，人们发现的多数现象和提出的多数理论，都要用科学元典中的思想来解释。而在常规科学中发现的旧范型中看似不能得到解释的现象，其重要性往往也要通过与科学元典中的思想的比较显示出来。

在常规科学时期，不仅有专注于狭窄领域常规研究的科学家，也有一些从事着常规研究但又关注着科学基础、科学思想以及科学划时代变化的科学家。随着科学发展中发现的新现象，这些科学家的头脑里自然而然地就会浮现历史上相应的划时代成就。他们会对科学元典中的相应思想，重新加以诠释，以期从中得出对新现象的说明，并有可能产生新的理念。百余年来，达尔文在《物种起源》中提出的思想，被不同的人解读出不同的信息。古脊椎动物学、古人类学、进化生物学、遗传学、动物行为学、社会生物学等领域的几乎所有重大发现，都要拿出来与《物种起源》中的思想进行比较和说明。玻尔在揭示氢光谱的结构时，提出的原子结构就类似于哥白尼等人的太阳系模型。现代量子力学揭示的微观物质的波粒二象性，就是对光的波粒二象性的拓展，而爱因斯坦揭示的光的波粒二象性就是在光的波动说和微粒说的基础上，针对光电效应，提出的全新理论。而正是与光的波动说和微粒说二者的困难的比较，我们才可以看出光的波粒二象性学说的意义。可以说，科学元典是时读时新的。

除了具体的科学思想之外，科学元典还以其方法学上的创造性而彪炳史册。这些方法学思想，永远值得后人学习和研究。当代诸多研究人的创造性的前沿领域，如认知心理学、科学哲学、人工智能、认知科学等，都涉及对科学大师的研究方法的研究。一些科学史学家以科学元典为基点，把触角延伸到科学家的信件、实验室记录、所属机构的档案等原始材料中去，揭示出许多新的历史现象。近二十多年兴起的机器发现，首先就是对科学史学家提供的材料，编制程序，在机器中重新做出历史上的伟大发现。借助于人工智能手段，人们已经在机器上重新发现了波义耳定律、开普勒行星运动第三定律，提出了燃素理论。萨伽德甚至用机器研究科学理论的竞争与接受，系统研究了拉瓦锡氧化理论、达尔文进化学说、魏格纳大陆漂移说、哥白尼日心说、牛顿力学、爱因斯坦相对论、量子论以及心理学中的行为主义和认知主义形成的革命过程和接受过程。

除了这些对于科学元典标识的重大科学成就中的创造力的研究之外，人们还曾经大规模地把这些成就的创造过程运用于基础教育之中。美国几十年前兴起的发现法教学，就是在这方面的尝试。近二十多年来，兴起了基础教育改革的全球浪潮，其目标就是提高学生的科学素养，改变片面灌输科学知识的状况。其中的一个重要举措，就是在教学中加强科学探究过程的理解和训练。因为，单就科学本身而言，它不仅外化为工艺、流程、技术及其产物等器物形态，直接表现为概念、定律和理论等知识形态，更深蕴于其特有的思想、观念和方法等精神形态之中。没有人怀疑，我们通过阅读今天的教科书就可以方便地学到科学元典著作中的科学知识，而且由于科学的进步，我们从现代教科书上所学的知识甚至比经典著作中的更完善。但是，教科书所提供的只是结晶状态的凝固知识，而科学本是历史的、创造的、流动的，在这历史、创造和流动过程之中，一些东西蒸发了，另一些东西积淀了，只有科学思想、科学观念和科学方法保持着永恒的活力。

然而，遗憾的是，我们的基础教育课本和科普读物中讲的许多科学史故事不少都是误讹相传的东西。比如，把血液循环的发现归于哈维，指责道尔顿提出二元化合物的元素原子数最简比是当时的错误，讲伽利略在比萨斜塔上做过落体实验，宣称牛顿提出了牛顿定律的诸数学表达式，等等。好像科学史就像网络上传播的八卦那样简单和耸人听闻。为避免这样的误讹，我们不妨读一读科学元典，看看历史上的伟人当时到底是如何思考的。

现在，我们的大学正处在席卷全球的通识教育浪潮之中。就我的理解，通识教育固然要对理工农医专业的学生开设一些人文社会科学的导论性课程，要对人文社会科学专业的学生开设一些理工农医的导论性课程，但是，我们也可以考虑适当跳出专与博、文与理的关系的思考路数，对所有专业的学生开设一些真正通而识之的综合性课程，或者倡导这样的阅读活动、讨论活动、交流活动甚至跨学科的研究活动，发掘文化遗产、分享古典智慧、继承高雅传统，把经典与前沿、传统与现代、创造与继承、现实与永恒等事关全民素质、民族命运和世界使命的问题联合起来进行思索。

我们面对不朽的理性群碑，也就是面对永恒的科学灵魂。在这些灵魂面前，我们不是要顶礼膜拜，而是要认真研习解读，读出历史的价值，读出时代的精神，把握科学的灵魂。我们要不断吸取深蕴其中的科学精神、科学思想和科学方法，并使之成为推动我们前进的伟大精神力量。

任定成

2005 年 8 月 6 日

北京大学承泽园迪吉轩

目　录

导　读

向义和
(清华大学物理系教授)

• Introduction to Chinese Version •

意识之光不会照耀静止之处，因为它们已经固化，不再被人所感知，除非间接地与进化节点产生联系。

——薛定谔

薛定谔(Erwin Schrödinger,1887—1961)

薛定谔对基因性质的物理学分析及其思想影响

《生命是什么》是杰出的奥地利物理学家薛定谔根据他在1943年对都柏林三一学院高年级学生的演讲而写成的，次年由剑桥大学出版社予以出版。在该书中，薛定谔把物理学和生物学结合起来，用物理学观点深刻地分析了基因的性质，揭示了基因是活细胞的关键组成部分，指出生命的特异性是由基因决定的，以及要懂得什么是生命就必须知道基因是如何发挥作用的。

一、基因概念的历史发展

1865年，奥地利修道士孟德尔在他的《植物杂交实验》论文中首次提出，植物的各种性状是通过存在于所有细胞中的两套遗传因子表现出来的。植物只将两套遗传因子中的一套传给子代。子代植物从雄性和雌性植物中各得到一套，即共接受两套遗传因子。孟德尔的遗传因子后来改名为“基因”。

1869年，瑞士生化学家米歇尔在细胞核中发现了含有氮和磷的物质，他把这种物质称为“核素”，后来改名为核酸。20世纪初，德国生化学家科塞尔开始了对核酸的生化分析，发现了构成核酸的四种核苷酸。核苷酸由碱基、糖和磷酸组成。碱基有腺嘌呤、鸟嘌呤、胞嘧啶和胸腺嘧啶。这种核酸称为脱氧核糖核酸(即 DNA)。后来进一步弄清了 DNA 在细胞里的位置,1914 年德国生化学家福尔根用染色法发现 DNA 位于细胞核内的染色体里。

最初的进展是弄清了遗传因子与染色体的关系。染色体是细胞核内的线状物质,在细胞分裂时才能观察到。多数高等动植物的每一个细胞核中有两组同样的染色体。人的染色体数是 46 条,即有 23 对染色体。细胞分裂(一个细胞分裂后形成两个新的细胞,即子细胞)时,染色体的分配机制使得两个子细胞接受的染色体相同。

1902 年,哥伦比亚大学的研究生萨顿提出,孟德尔假设的分离与显微镜中发现的细胞分裂期间染色体的分离非常相似,一年之后详细的细胞学研究证实了他的观点,从而表明孟德尔的遗传因子可能是染色体或者是染色体片段。1911 年,美国遗传学家摩尔根提出,假如基因在染色体上呈线性排列,那么就应该有某种方法来绘制染色体上基因相对位置的图。1915 年,摩尔根和他的两位学生出版了《孟德尔式遗传学机制》一书,他们认为基因是物质单位,并位于染色体的一定位置或位点上,每一个基因可以视为一个独立的单位,它与其他相邻的基因可以通过染色体断裂和重组过程而分离。[①] 1927 年,摩尔根的学生穆勒(Hermann Joseph Muller,1890—1968)用 X 射线造成人工突变来研究基因的行为,他明确指出"基因在染色体上有确定的位置,它本身是一种微小的粒子,它最明显的特征是'自我繁殖'的本性"。1926 年,摩尔根的《基因论》问世,他坚持

① 加兰·E.艾伦.20 世纪的生命科学史[M].田洺,译.上海:复旦大学出版社,2000:72—81,240.

“染色体是基因的载体”。

进入 20 世纪 40 年代后，基因概念的一个重要发展是对基因功能的认识，对基因与代谢和酶(即蛋白质的催化剂)的关系的揭示。1945 年，美国遗传学家比德尔和塔特姆提出了“一个基因一个酶”的假说。①这一假说认为每一个基因只控制着一种特定酶或蛋白质的合成。今天，人们一般认为一个基因一个酶的假说还不够完备，因为一个基因显然只编码一条多肽链，而不是编码一个完整的酶或蛋白质分子。

二、薛定谔对基因性质的物理学分析

(一) 基因的最大尺寸

薛定谔在《生命是什么》的第二章“遗传机制”中“单个基因的最大尺寸”一节里，把基因作为遗传特性的物质载体，并强调了与他的研究很有关系的两个问题：第一是基因的大小，或者更贴切地说是基因的最大尺寸，也就是说，我们能够在多小的体积内找到基因的定位；第二是从遗传模式的持久性断定基因的稳定性。

在估量基因的大小时，薛定谔认为有两种完全独立的方法，一种是把基因大小的证据寄托在繁育实验上。这种估量方法是很简单的，如果在果蝇的一条特定的染色体上定位了大量的表示果蝇特征的基因，我们只需要用这个数量来均分染色体的长度，再乘以横截面的面积，就得到了需要的估量。显然这个估量只能给出基因的最大尺寸，因为染色体上基因的数量将

① 尹淑媛，陈麟书. 生物科学发展史[M]. 成都：成都科技大学出版社，1989：263—265，270.

随着基因分析工作的继续进行而不断地增加。

另一种是把基因大小的证据建立在直接的显微镜检验上。用显微镜观察生物细胞内的染色体纤维,你能看到穿过这条纤维的横向的密集的黑色条纹,这些条纹表示了实际的基因(或基因的分立)。当时的生化学家在果蝇的染色体上观测到的平均条纹数目大约是2000条。这一结果与用繁殖实验定位的果蝇染色体上的基因数大致有相同的数量级。用这一数目划分染色体的长度就得出了基因的体积约等于边长为30nm的立方体的体积。

接着,薛定谔在题为"小数目"一节中,对30nm这个数字作了分析,他指出30nm大约只是在液体或固体内100或150个原子排成一行的长度,因此一个基因包含的原子数不大于100万或几百万个。从统计物理学的观点来看,为了产生一个有条理的行为,这个数目还是太小了,因此基因可能是一个大的蛋白质分子(当时蛋白质被认为是遗传物质,而不是DNA),在这个分子中,每个原子、每个自由基、每个杂环起着一种不同于任何其他相似的原子、自由基或杂环起的独特的作用。

1953年,美国遗传学家沃森和英国生物物理学家克里克发现了DNA分子的双螺旋结构,在他们发表的论文《核酸的分子结构——脱氧核糖核酸的结构》中[①]使用X射线衍射实验数据,两个碱基对之间的距离(即现在所说的一个碱基对的长度)为0.34nm,螺旋的半径为1nm。按照2000年4月人类基因组计划测序的结果,果蝇基因的平均长度为10kb(1kb表示1000个碱基对)。如果把螺旋的体积简化为一个圆柱体的体积来计算,则可以算出果蝇基因的平均体积约为$10.7\times(10\text{nm})^3$,薛

① J.D.沃森.双螺旋——发现DNA结构的故事[M].刘望夷,等译.北京:科学出版社,1984:146,147.

定谔的计算值是这个数值的 2.5 倍。这个结果是合理的，因为随着时间的推移，在染色体上发现的基因数就会增多，相应的基因的平均长度就会减小，从而基因的平均体积的计算值也会减小。这一结果说明薛定谔在当时不仅具有基因定量化的思想，而且他的计算结果在数量级上与现在是一致的。这对于人们定量地去研究基因无疑起到了极大的促进作用。

（二）基因的物质结构

对于基因的物质结构薛定谔提出了一个著名的“非周期性晶体结构”的科学预见。在第一章中的“统计物理学·结构上的根本差异”一节中，他首先提出生命物质的结构与非生命物质的结构完全不同。他说：“有机体中最重要的那部分结构的原子排列方式以及这些排列方式之间的相互作用，与物理学家和化学家们迄今为止在实验中及理论上研究的对象有着根本的差异。”接着，他对染色体的结构提出了科学的预见。他说：“生命细胞的最基本部分——染色体结构——可以颇为恰当地称为非周期性晶体。”他指出，“迄今为止，我们在物理学上处理的都是周期性晶体。对于一般的物理学家来说，这已经是非常有趣和复杂的研究对象了”。接着他生动地描述了这个对比，他说：“两者在结构上的差别，好比一张普通墙纸和一幅杰出刺绣的差别，前者只不过是按照一定的周期性不断重复同样的图案，而后者，比如拉斐尔花毡，则绝非乏味的重复，而是大师的极有条理和富含意义的精心设计。”

生物大分子的非周期性晶体结构是怎样形成的呢？薛定谔在第五章的“非周期性固体”一节中阐述了这个问题。他说：“微小的分子可以被称作‘固体的胚芽’。以这样一个小小的固体胚芽为起点,似乎可通过两种不同的方式来建立越来越大的集合体。第一种方式是相对无聊地向三维方向不断重复同样的结构。生长中的晶体遵循的正是这种方式。一旦形成周期性之后,集合体的规模就没有什么明确的上限了。另一种方式是不用枯燥的重复来建立越来越大的集合体。越来越复杂的有机分子就是如此,其中的每一个原子、每一个原子团都起着各自的作用,和其他分子中相应的原子或原子团所起的作用并不完全一样(在周期性结构中则完全一样)。我们或许可以恰如其分地称之为非周期性晶体或固体,于是,我们的假设就可以表达为:我们认为一个基因——或许整个染色体结构[①],就是一个非周期性固体。"

薛定谔关于遗传物质是"非周期性晶体"的说法具有深远的意义:一方面由于非周期性蕴含着分子排列的多样性,这就意味着遗传物质包含了大量丰富的遗传信息;另一方面由于具有晶格结构,所有的原子或分子都与周围的原子或分子连接在一起,所以相当稳定。DNA 双螺旋结构的发现者们正是在读了薛定谔的《生命是什么》一书,并在 DNA 已被证实为遗传物质后,才把 DNA 的具体的物质结构作为研究方向的。

(三) 基因的稳定性

薛定谔在第二章的"持久稳定性"一节中一开始就提出两个问题:遗传中有多大程度的持久性?携带遗传特性的物质结构如何保证这种持久性?

他认为,遗传特性在世代传递中保持不变的事实,说明遗传的持久性几乎是绝对的。他指出,由双亲传递给子代的不只是这个或那个特性,因为这些特性实际上只是整个(四维)模式

① 虽然它高度多变,但这并不是反对的理由,因为细铜丝也是这样的。

的"表现型"，体现了这个个体看得见的、明显的特质在没有很大改变的情形下被后代复制，在几个世纪中保持了稳定性。那么内在的决定因素是什么呢？携带遗传特质的物质承担者是什么呢？他认为，每次遗传都是来自结合成受精卵细胞的两个细胞核的物质结构，也就是遗传特性取决于双亲的精子细胞核和卵细胞核内的染色体上的基因结构，即取决于"基因型"。薛定谔还利用他提出的分子的固体性说明了基因的稳定性。在第五章中的"真正重要的区分"一节中，他说："这样做的道理在于，将分子中各个原子（不管是多还是少）联结在一起的力和那些组成真正的固体或晶体的大量原子之间的力，性质是完全相同的。分子能表现出和晶体一样的结构稳固性。应该还记得，我们此前正是用这种稳固性来解释基因的持久性的。"

薛定谔明确指出，要理解基因的稳定性，就要解释使分子保持一定形状的原子间的相互结合力，在此经典力学是无能为力的，只能依靠量子理论。他在第四章中的"量子理论可以解释"一节中说："就当前的认识而言，遗传机制不但和量子理论密切相关，甚至可以说就是建立在其基础之上的。"他指出："海特勒-伦敦理论涉及量子论最新前沿（称为'量子力学'或'波动力学'）中的最为精致和复杂的概念。"又说："已经有现成的工作可以帮助我们整理思考，现在似乎可以更为直接地指出'量子跃迁'和突变之间的联系，并立即挑出最显著的问题。"

薛定谔在第四章"量子力学的证据"中，根据量子理论的"分立状态""能级"和"量子跃迁"的概念解释了稳定性问题。在第四章的"分子"一节中，他说："对于给定的若干原子而言，其一系列不连续的状态中不必然但有可能存在着一个最低能级，它意味着原子核彼此紧密靠拢。这种状态下的原子就形成了一个分子。这里要强调的一点是，分子必然会具有某种稳定性;它的构型不会改变,除非从外界获得了'提升'到相邻的更高能级所需的能量差。因而,这种能级差便在定量水平上决定了分子的稳定程度,它的数值是明确的。"

他期望读者接受上述概念,因为大量实验事实已经检验了它。他说:"上述说法都已经经过了化学事实的彻底检验,而且被证明能够成功地解释化学价这一基本事实以及关于分子的诸多细节,比如它们的结构、结合能、在不同温度下的稳定性,等等。"

(四) 基因的突变

薛定谔指出遗传特性的突变是由于基因的突变造成的。他在第三章的"突变个体后代有相同的性状,即突变被完全遗传下来了"一节中说:"突变无疑是遗传宝库发生的一种变化,有必要追溯到遗传物质的某种改变。"虽然当时还没有可靠的实验证据,但是,他仍然认为遗传性状的突变是由于染色体上基因的突变引起的。他在第三章的"定位·隐性与显性"一节中说,"这正是我们预期的由突变体的同源染色体在减数分裂中分离带来的结果"。

他还认为染色体上一些相同原子的不同构型的分子(即同分异构分子)表示不同的基因。他在第四章的"第一项修正"一节中说,"应用到生物学上,就表示相同'位点'上一个不同的'等位基因',而量子跃迁就代表一次突变"。他在"第二项修正"一节中进一步指出:"实际上它们确实不同,两者所有的物理常数和化学常数都有显著的差异。它们具有的能量也不同,代表着'不同的能级'。"因此,"从一种构型转变为另一种构型,必须经由中间构型,而后者的能量比前两者都要高","所谓的'量子跃迁’,指的是从一种相对稳定的分子构型转变为另一种相对稳定的分子构型。发生转变所需的能量供给(它的量用 W 表示)并不是实际的能级差”,“因为它们不会产生持久的影响,难以引起人们的注意。分子发生这些转变后,几乎立刻又回到了初始状态,因为没有什么东西会阻碍它们的回归”。

薛定谔还从遗传突变的不连续特性出发,指出突变是由于量子跃迁的结果。他在第三章“突变”中的一节“‘跳跃式’突变——自然选择的作用基础”中说:“‘跳跃式’这个词并不是说变化有多么的大,而是说少数那几个发生变化的和未发生变化的个体之间没有中间形式,存在着不连续性。”他认为这个有意义的事实是不连续性,意味着在两个分立状态之间没有中间状态,在相邻能级之间没有中间能量,表明生物遗传特性的突变是由于基因分子中的量子跃迁造成的。

(五) 基因的功能与作用

在上面我们已经指出薛定谔的一个重要观点,基因是遗传特性,即遗传信息的携带者,他又知道基因定位在染色体上,基因是染色体上的一个片段的事实,所以他认为染色体上包含了个体发育、成长的全部信息,提出了染色体是遗传密码本的论断。在第二章“遗传机制”的“遗传密码本(染色体)”一节中,他说:“虽然可以通过形状和大小分辨出单个染色体,但是这两组染色体几乎完全相同。稍后我们会了解到,其中一组来自母体(卵细胞),另一组来自父体(与卵子结合的精子)。正是这些染色体,或者仅仅是我们在显微镜下看到的形似中轴骨的那些染色体纤丝,含有某种决定了个体未来发育及其在成熟形态下的功能的整个模式的密码本。每一组完整的染色体都含有全部的密码;因此,作为未来个体最早阶段的受精卵中通常会含有两份密码。”薛定谔还认为密码本术语的含义太窄了,它没有体现染色体上基因的全部功能和作用。他用了下面一个生动的比喻来形象地说明基因的多种多样功能,他说:“它们集法典规章和行政体系——或者换个比喻,设计师的蓝图和建筑工的技艺——于一身。”

薛定谔还从生物分子的同分异构性引起的原子或原子团排列的多样性来说明遗传密码内容的丰富多样性。他认为基因是一个生物大分子,它由很多同分异构(指化合物有相同的分子式,但具有不同的结构和性质)的小分子所组成,这些小分子的性质以及它们的排列方式可能包含了遗传信息,决定了遗传密码。他在第五章的“压缩在微型密码中的丰富内容”一节中说:“常常有人问,像受精卵的细胞核这么一点点物质,怎么能如此详尽地包含关于一个有机体未来发育的密码信息呢?在我们的认识范围内,唯一一个能够提供各种可能的(‘同分异构的’)组合方式,而且大小还足以在一个狭小的空间范围内包含一个复杂的‘决定性’系统的物质结构,似乎只有非常有序的原子集合体,它的抵抗力足以持久地维持这种秩序。”为了说明小分子的种类和个数与排列数的关系,他举了摩尔斯(Morse)电码的例子。他说:“点和划这两类不同的符号,如果用不超过 4 个的符号进行有序组合,就可以产生 30 组不同的电码。若是在点和划之外再加上第三类符号,且每个组合中的符号不超过 10 个,将得到 88572 个不同的‘字母’。”可见,在生物大分子中,随着小分子或原子团的种类和数目的增加,它们排列方式的数目就会大量增加,储存的信息量也相应地增大。

薛定谔进一步说明每个基因、每个密码因子不只是表示一个可能的分子,而且也可能具有操作分子合成的作用。他说:“当然在实际情况中,对一组原子来说并不是‘每一种’组合方式都存在相应的分子;此外,这也并不是说密码本中的密码就可以随意使用,因为密码本自身就是引起发育的作用因子。”他在第六章的“该模型中一个值得注意的一般性结论”一节中说:“基因的分子图景至少使我们有可能设想,微小的密码精确对应着高度复杂和专门化的发育计划,并包含着使之得以实现的某种方式。”

三、薛定谔科学思想的影响

1943 年,薛定谔在给都柏林三一学院高年级学生作第一次演讲时,他高瞻远瞩地向年轻的学子们提出了时代赋予的科学统一的任务。这也就是他在《生命是什么》的序言中所说的话:“我们从先辈那里继承了对一种统一的、无所不包的知识的殷切追求。那些最高学府所被赋予的独特名称(即 university)提醒着我们,自古以来的数个世纪当中,只有普遍的(universal)东西才能完全获得承认。然而,在刚刚过去的百余年里,各个知识分支在广度上和深度上的扩展,使我们面临着一个奇怪的困境。我们清楚地感受到,直到现在我们才开始获得能够将以往所有的知识融合为一个整体的可靠材料;然而另一方面,一个人要想跨越他专攻的那一小块领域以驾驭整个知识王国,已是几乎不可能的了。”因此,薛定谔感到为了实现知识统一的目标,除了应当继续坚持理论与实验相结合,努力克服知识的局限性外,没有别的出路。

薛定谔在用大量的篇幅对基因的性质进行了物理学分析,特别是用量子论分析后,他又在第六章中,从热力学关于有序、无序和熵的观点,来说明维持生命物质高度有序性的原因,首次提出了“生命赖负熵为生”的名言。他在“从环境中汲取‘有序’而得以维持的组织”的一节中说：“‘它以获得‘负熵’为生’,它会向自身引入一连串的负熵,来抵偿由生命活动带来的熵增,从而使其自身维持在一个稳定而且相当低的熵值水平。”

全书快结束时，在第七章中，回答“生命是否基于物理定律?”的问题时，薛定谔阐述了物理学和生物学的关系。他首先从有机物具有与无机物完全不同特征出发，指出虽然经典物理学在解释生命现象时遇到了困难，但是这并不意味着它们对于解决生命问题没有帮助。事实上，情况恰好相反，对生命的研究可能会展示出在纯粹研究无机现象时无法发现的全新的自然界景观，发现在生命物质中适用的新型的物理定律。他在第七章的“新定律并不违背物理学”一节中指出：“所谓的新定律也是真正意义上的物理定律：我认为,它不过是再次回归到了量子理论的原理罢了。”

在 20 世纪 40 年代和 50 年代，薛定谔的生物学观点具有很大的影响，尤其对年轻的物理学家影响更大，他将一些物理学家引到一个科学研究的新的前沿，推动他们转入生物学的新领域，去探索物理学的新定律。薛定谔的《生命是什么》一书自 1944 年出版后，到 1983 年的 40 年间，在西方世界各国出版了 12 版之多。他的这本书成为当时分子遗传学的“结构学派”(应用物理化学定律来研究生命物质的分子结构)的纲领，为 DNA 双螺旋结构的发现者们提供了强有力的思想武器。

DNA 双螺旋结构的发现者之一、美国遗传学家沃森在芝加哥大学读书时，在读了薛定谔的《生命是什么》后，就被这本书吸引住了。后来他说，正是这本书引导他去“寻找基因的奥秘”。一位采访沃森的记者曾经向他提出问题：“薛定谔的波动方程使他成为有名的诺贝尔奖得主，作为物理学家，他试图用量子理论来谈生命问题，这在当时是具有划时代意义的事情吧?”沃森说:“薛定谔那本书对‘生命是什么’进行了提问,又对提问作出了回答。他叙述了生命的本质，人类、虎、鼠等所具有的特性，指出生命的特性是由染色体决定的。他还认为生命有说明书，说明书肯定存在于分子上。分子上有非常特别的构造，能利用某一方式将信息拷贝下来。”

DNA 双螺旋结构的另一位发现者、英国生物物理学家克里克曾于 20 世纪 30 年代后期在伦敦大学获得物理学学位，后来又攻读物理学研究生，打算从事粒子物理研究。1946 年，他读了薛定谔的《生命是什么》一书后，受到了该书的启发而想研究物理学在生物学中的应用。书中提出的“可以用精确的概念,即物理学和化学的概念，来考虑生物学的本质问题”给他留下了深刻的印象，他读罢书后写道：“伟大的事情就在角落里。”他所说的伟大的事情指的是利用 X 射线法对蛋白质和核酸的研究。

发现 DNA 双螺旋结构的有三位诺贝尔奖得主,除了沃森、克里克外，还有一位英国物理学家威尔金斯(Maurice Wilkins)，他和富兰克林(Rosalind Franklin)都是伦敦金氏学院的研究员，通过摄制 DNA 的 X 射线衍射图为这一结构提供了实验证据。威尔金斯也是在读了薛定谔的《生命是什么》一书后，转入用 X 射线衍射法研究 DNA 的结构的。他们在思想上都受到了薛定谔的影响，所以，尽管他们原来的工作领域不同，但是他们仍然以相似的观点和不同的方式来探讨生物学问题。由于实现了生物学与物理学的结合，理论与实验的结合，这个科学的交叉领域终于获得了大突破，于 1953 年发现了 DNA 的双螺旋结构，从而开创了生命科学的新纪元。

自从 20 世纪 50 年代生物物理学作为一门独立学科诞生以

来，它已在研究生命物质的各个方面取得了显著的成就。今天由于物理实验仪器和实验技术已经达到纳米水平或分子生物水平，人们对生物分子各方面的性能有更进一步的了解，未来科学上革命性的突破有可能在生物学和物理学的结合点上实现。又由于分子生物学的研究已经越来越接近生命的本原，生物学将变得越来越数学化，物理学也将会更接近生物学。无疑，我们正处在一个令人激动的科学时代里。复杂的生物系统向物理学家展示出很多有意思的现象，提出了很多有趣的问题，值得物理学家去探索、研究、发现新的物理学规律，实现老一辈物理学家薛定谔的梦想：物理学和生物学的统一。

（致谢：本文作者感谢清华大学生物科学与技术系刘进元教授审阅了此文。）

序　言

• *Preface* •

我们现在回顾同一个思想的时候是更容易、更自由了，但也许就再也不能重新体会到那种原初的新鲜感了。

——薛定谔

1887 年，薛定谔出生于美丽的奥地利维也纳，图为今日维也纳夜景

人们往往认为,科学家只是在某些领域全面而深入地掌握了第一手知识,因而,就其并不精通的主题而言,不应该去发文著书。这关乎"位高则任重"的问题。如果说我也在"高位"的话,那么在此我请求暂且放弃这一身份,以求免去相应的"重任"。我的理由如下:

我们从先辈那里继承了对一种统一的、无所不包的知识的殷切追求。那些最高学府所被赋予的独特名称(即 university)[①]提醒着我们,自古以来的数个世纪当中,只有普遍的(universal)东西才能完全获得承认。然而,在刚刚过去的百余年里,各个知识分支在广度上和深度上的扩展,使我们面临着一个奇怪的困境。我们清楚地感受到,直到现在我们才开始获得能够将以往所有的知识融合为一个整体的可靠材料;然而另一方面,一个人要想跨越他专攻的那一小块领域以驾驭整个知识王国,已是几乎不可能的了。

若要摆脱这个困境(以免永远无法达成真正的目标),我认为唯一的出路在于:我们中的一些人应该斗胆迈出第一步,尝试将诸多事实和理论综合起来——即使对于其中某些内容还局限于第二手的和不完整的了解,并且冒着最终白忙活一场的风险。

请宽恕我作如上申辩。

语言上的障碍是不可忽视的。一个人的母语就像他舒适合身的外衣,如果它不在手头而不得不换上另一件时,他定会感到不自在。我要感谢恩科斯特博士(都柏林三一学院)、帕德里克·布朗博士(梅努斯圣帕特里克学院)以及 S. C. 罗伯茨先生。为了给我裁剪出一件合身的新衣裳,他们可谓费尽周折;有时候我还不太情愿放弃我自己的"独创"风格,这更是让他们花了很

① 译注:即大学,其英文"university"的词根与下文的"universal"相同。

多心思。如果经过朋友们的大力纠正后,书中仍然留存有一些“独创”风格,当然应归咎于我而不是他们。

本书章节众多,其标题原本只是写在页边上的摘要,各章的正文应当放在一起连贯地阅读。

埃尔温·薛定谔

1944 年 9 月于都柏林

第一章

经典物理学家探讨该主题的方式

• Part Ⅰ The Classical Physicist's Approach to the Subject •

我思故我在。

——笛卡儿

叔本华像。薛定谔年轻的时候，深受叔本华的影响，发展了哲学方面的兴趣爱好，更是对披着神秘色彩的东方哲学产生了兴趣

研究的总体特性和目标

这本小书源于一名理论物理学家面向约400位听众举办的一系列公开演讲。虽然听众们在演讲开始时就已经被告知这个主题理解起来并不容易，而且演讲内容也不能说是具有普及性的——尽管物理学家们手中最令人生畏的"数学演绎"这件武器几乎不会被使用——但是听众人数基本上没怎么减少。之所以如此，并不是因为该主题简单到无须数学演算就可以解释清楚，而是因为它太过复杂，没有办法通过数学完全认识清楚。另一个让讲座至少看起来有些"普及性"的特点是，演讲人试图阐释清楚的是一个介于生物学和物理学之间的基本问题，因而讲座既面向物理学家们也面向生物学家们。

尽管涉及的主题相当广泛，但整个讨论想表达的实际上只有一个想法——就是对一个重大的问题作出一点小评论。为了避免偏离主题，先简要地列出讨论大纲或许有所裨益。

所谓重大而且被广泛讨论的问题是指：

如何使用物理学和化学解释发生在一个生命有机体内的时空中的事件？

这本小书试图详细解释和论证的初步答案，可以概括如下：

目前的物理学和化学显然还没有能力解释这些事件，但绝不能因此怀疑它们以后也不能对此作出解释。

统计物理学·结构上的根本差异

如果只是为了唤起过去解决不了的问题在将来总会得以解决的希望，那么上述回答就太微不足道了。更为积极的意义在于,它充分地说明了物理学和化学目前为什么对此还无能为力。

多亏了生物学家们(主要是遗传学家们)在过去三四十年里的杰出工作,我们如今已经掌握了足够多关于有机体实际物质结构及其功能的知识。这些知识可以说明当前的物理学和化学还不能解释在空间和时间上发生于生命有机体内的现象,并确切地指出为何不能。

有机体中最重要的那部分结构的原子排列方式以及这些排列方式之间的相互作用,与物理学家和化学家们迄今为止在实验中及理论上研究的对象有着根本的差异。不过,除了坚信物理学和化学定律完全是统计学定律的物理学家之外,其他人也许很容易认为我刚刚称之为根本的差异似乎是微不足道的。[①]因为,正是从统计学的观点来看,才会发觉生命有机体的重要部分是如此全然不同于物理学家和化学家们所处理的任何物质对象,不管是在实验室操作还是在写字台前沉思。[②] 他们由此发现的定律和规律是以其对象的特定结构为基础的,直接拿这些规律和定律拿来解释那些不具备该结构的系统的行为,几乎是不可想象的。

我们并不指望非物理学家能理解我刚刚用如此抽象的术语所表达的"统计学结构"上的差异,更不用说领悟到这种差异的重大意义了。为了能生动形象地表明这一观点,我先把后面将要详细解释的一个内容提前透露一下,即生命细胞的最基本部分——染色体结构——可以颇为恰当地称为非周期性晶体。迄今为止,我们在物理学上处理的都是周期性晶体。对于一般的

① 这一论点可能看起来太过空泛了。相关讨论需要到本书最后。

② F. G. Donnan 已经在两篇非常具有启发性的文章中强调了这一观点,Scientia, xxiv, no. 78 (1918), 10;Smithsonian Report for 1929, p. 309 ("生命的奥秘")。

物理学家来说，这已经是非常有趣和复杂的研究对象了；作为无生命自然界中最吸引人和最复杂的物质结构之一，它们已然令其绞尽脑汁了。然而，与非周期性晶体比起来，它们则相当平淡乏味。两者在结构上的差别，好比一张普通墙纸和一幅杰出刺绣的差别，前者只不过是按照一定的周期性不断重复同样的图案，而后者，比如拉斐尔花毡，则绝非乏味的重复，而是大师的极有条理和富含意义的精心设计。

说到那些把周期性晶体视为最复杂的研究对象之一的人，我指的是严格意义上的物理学家。实际上，有机化学所研究的那些越来越复杂的分子，已经和“非周期性晶体”非常接近了，而后者在我看来正是生命的物质载体。因此，有机化学家们早已为生命问题做出了重大的贡献，而物理学家们却几乎无所建树，这就不足为奇了。

素朴物理学家讨论该主题的方式

以上非常简要地介绍了研究的总体观点——或者不如说是最终范围，下面来描述一下论证思路。

我认为需要先介绍一下所谓的“素朴物理学家关于有机体的看法”，即一名物理学家在如下情形中，脑海里会出现的那些想法：他在学习了物理学尤其是其统计力学基础之后，开始思考关于有机体及其行为、功能的问题；他开始认真地问自己，以他自己所学，能否从这门相对比较简单、清楚和不那么高深的科学的角度为解决这些问题做出一些贡献？

事实将表明，这是可以的——下一步就是用生物学事实与他的理论预测作比较。结果会表明，尽管他的观点总的来说似乎有道理，但仍需作出相当大的修改。以这种方式我们便可以逐步接近正确的看法——更谦虚地说,是我个人认为正确的看法。

即使我的看法确实是正确的,我并不能肯定它是不是最好的同时也是最简单的论证方式。不过,这毕竟是我的方式。所谓的“素朴物理学家”就是我自己。除了我自己这条曲折的道路之外,我找不到其他更好或更清楚的途径来达成目标。

原子为何如此之小?

展开说明“素朴物理学家关于有机体的看法”的一个好办法是从下面这个奇怪的、几乎有些荒唐的问题开始:原子为何如此之小?它们的确非常小。日常生活中随便一小块物质都包含着无数的原子。有许多例子可以用来帮助人们理解这个事实,但最令人印象深刻的莫过于开尔文勋爵的这个例子:假设你可以标记一杯水中所有的分子;再将这杯水倒入海里,彻底搅拌使之均匀地分布在七大洋中;如果你在这些海洋的任何一处再舀出一杯水,你将发现里面大概会含有 100 个你之前标记过的分子。[①]

原子的实际大小[②]大概处在黄光波长的 1/5000 到 1/2000 之间。这一比较意义重大,因为波长大体上代表了在显微镜下能够辨认的最小颗粒的尺寸。即便是小小的一粒谷子也有数十亿个原子。

---

① 当然,你不会恰好就舀出 100 个(即便经过计算之后的结果是这个数目)。你可能会发现 88、95、107 或者 112,但不太可能只有 50 或者多到 150。预期的“偏差”或“波动”是 100 的平方根,即 10。统计学家的表述方式是,最终数目是 100±10。这个注释可以暂时忽略,在下文中会作为统计学上规则的一个例子提到。

② 根据目前的看法,原子并没有清楚的边界,所以原子的“大小”并不是一个十分明确的概念。但是我们可以用固体或液体中原子中心之间的距离来确定它(或者替代它,如果你愿意的话)——当然,气体中是不行的,因为正常压强和温度下,气体中原子中心之间的距离约为直径的 10 倍之大。

那么，原子为什么如此之小？

显然，这个问题只是托词。因为它真正要问的并不是原子的尺寸。它关心的是生物的大小，尤其是我们人类自己的身体的大小。以我们日常使用的长度单位，比方说码或米来度量，原子的确很小。在原子物理学中，我们习惯用所谓的埃（简写为 Å）为单位，它相当于 1 米的百亿分之一，用小数表示是 0.0000000001 米。原子直径的范围在 1 到 2 埃之间。日常生活中的长度单位（与之相比，原子是如此之小）与我们身体的尺寸密切相关。有一个故事是这么说的，码这个单位可以追溯到一位英国国王的轶事。大臣们请示国王应该采用何种单位时，他伸出一只手臂说道："取我胸部中间到手指尖的距离就行了。"不管是真是假，这个故事对我们来说都很有意义。国王自然而然地就以自己的身体为长度参照物，他知道其他任何东西都不如这个方便。尽管物理学家对埃这个单位习以为常，但他们还是会更乐意被告知自己的新西装将需要 6 码半，而不是 650 亿埃的花呢布。

由此可以确定，我们的问题实际上在于两种长度——我们身体的长度和原子的长度——之比；考虑到原子的独立存在无可争辩地先于身体的存在，该问题实际上应该反过来问：与原子相比，我们的身体为何一定要如此之大？

我可以想象，许多物理学或化学的忠实追随者会对如下事实感到遗憾。可以说我们的每一个感觉器官都是身体的重要部分，其自身（依照之前提到的比例）也是由无数个原子构成，但它们却如此粗糙，无法感受到单个原子的冲击。单个的原子是看不见、摸不着，也听不到的。我们关于原子的设想与用粗陋的感觉器官所获得的直接感受大相径庭，不能通过直接观察得到检验。

是否一定如此呢？有没有内在的原因？为了确定和理解我们的感官为何和相关的自然定律不相容，可否将这种情况追溯到某种第一原则呢?

这一次,物理学家终于能够完完全全地把问题说清楚了。上述问题的答案,都是肯定的。

有机体的运作需要精确的物理定律

如果不是那样,如果我们是那种敏感到连一个或者数个原子的冲击都能够以感官察觉的有机体——天哪,生命将会是一个什么样子!只强调一点:可以肯定地说,那种有机体不可能发展出这种有序的、在经历多个早期阶段后才形成的原子观念,以及许多其他的观念。

尽管我们只强调了这一点,下面的观点本质上也同样适用于除大脑和感觉系统以外各个器官的活动。就我们自身而言,最令人感兴趣的事情是我们拥有感觉、思维和知觉。其他器官都只是为负责思维和感觉的生理学过程提供辅助而已,至少从人类的角度——而不是纯粹客观的生物学角度——来说是这样的。这将非常有助于鉴别出那个与我们主观活动密切相伴的生理过程,尽管我们并不知道这种密切的相关性本质究竟如何。其实,在我看来这已经不在自然科学的范围之内了,也很有可能已经超出了人类理解能力的范畴。

于是,我们面临如下问题:像大脑这样的器官及其附属的感觉系统,为什么必须由数目庞大的原子组成,才能够使其物理状态的变化密切对应着高度发达的思想呢?上述器官作为一个整体,或者它与环境直接作用的某些外围部分,其生理过程与一台精细和敏感到足以对外界单个原子的冲击作出反应和调整的机器相比,为什么说是不一致的呢?

原因在于,我们称之为思想的东西(1)本身就是有序的,而且(2)仅仅适用于在一定程度上有序的材料,即知觉和经验。这意味着两点。首先,与思想紧密对应的物质组织(正如我的大脑对应着我的思想)必须是一个非常有序的组织,这意味着其中进行的所有活动都必须遵循严格的物理定律,而且至少要具备很高的精确性。其次,由外部的其他物体给这一在物理上非常有序的系统留下的物理印记,显然对应着构成相应思维的知觉和经验,并形成我之前提到的"思想的材料"。因此,我们的身体系统与其他系统之间在物理上的诸多相互作用,本身就通常已经具备了一定的物理有序性。也就是说,它们也必须以一定程度的精确性遵循严格的物理定律。

物理定律基于原子统计学,因而只是近似的

那么,一个仅由为数不多的原子组成、已经灵敏到能够感知单个或数个原子的撞击的有机体,为什么做不到这一切呢?

那是因为,所有的原子都在不停地进行完全无规则的热运动,而这种运动可以说是和原子的有序运动相悖的,它不会使数量较少的原子之间的活动呈现出任何规律性。只有在数量巨大的原子共同作用的时候,统计学规律才开始影响并主宰由这些原子组成的集合体的行为,而且随着参与作用的原子数目的增加,其控制作用也愈加精确。正是以此种方式,这些活动才真正获得了有序的特点。所有已知的、在有机体的生命中扮演重要角色的物理学和化学定律,都是这种统计学意义上的定律;我们所能想到的其他类型的定律性和有序性都会因原子永不停息的热运动的干扰而失效。

其精确性基于大量原子的介入：第1个例子(顺磁性)

让我用几个例子来说明这一点。它们只是从成千上万的例子中随便举出的，对于刚开始探讨物质的这种状态的读者来说可能不是最容易理解的例子——这种状态对于现代物理学和化学来说非常基本，正如"有机体都是由细胞构成的"这一事实之于生物学，或牛顿定律之于天文学，甚至是整数序列1、2、3、4、5……之于数学。初涉该领域的人不必指望从以下寥寥数页中获得对它的全面理解和领悟。这个领域在教科书中通常被归为"统计热力学"，其中响当当的名字是路德维希·玻尔兹曼[①]和威拉德·吉布斯[②]。

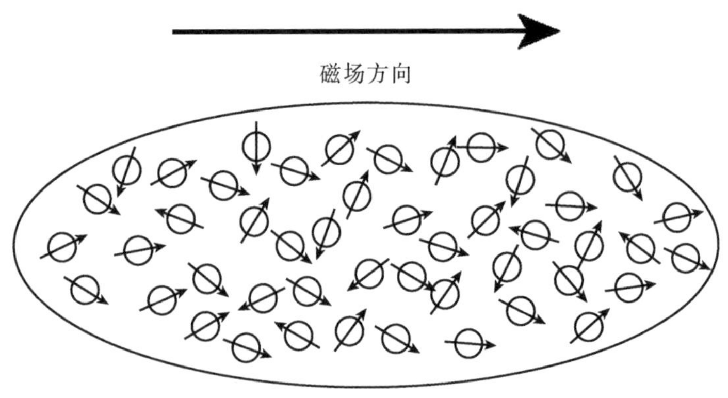

图1　顺磁性

① 译注：路德维希·玻尔兹曼(Ludwig Boltzmann，1844—1906)，奥地利物理学家、哲学家，热力学和统计物理学的奠基人之一。

② 译注：威拉德·吉布斯(Willard Gibbs，1839—1930)，美国物理化学家、数学物理学家。

如果将氧气充满一个椭圆形的石英管并将其置于磁场中，你会发现它将被磁化。[①] 发生磁化是因为氧气分子本身就是小磁铁，会像指南针那样倾向于和磁场方向保持平行。但千万不要认为它们实际上全部都会平行于磁场。因为，如果你把磁场强度加倍，氧气分子的磁化程度也会加倍，而且分子磁化程度的增加速率与磁场强度的增加速率相同，在场强极高时也是如此。

这个例子尤为清晰地体现了纯粹的统计学定律。磁场的定向作用不断地受到热运动的拮抗，而正是后者使分子的方向带有偶然性。实际上，这种拮抗的结果是使偶极轴与场之间的锐角比钝角稍微占一些优势。虽然单个分子会不断地改变其方向，但平均而言（由于庞大的数目），最终效果总是稍微偏向于磁场的方向，而且偏向程度与磁场强度成正比。这一巧妙的解释由法国物理学家保罗·朗之万[②]提出。我们可以用下面的方法来检验。如果观察到的微弱磁化确实是两种作用，即旨在使所有分子平行的磁场和使分子方向带有偶然性的热运动之间相互竞争的结果，那么就有可能通过削弱热运动，亦即降低温度而非增加磁场强度，来提高磁化程度。这已经得到实验的确证，实验中的磁化作用与绝对温度成反比例，定量结果也符合理论（居里定律）。借助现代设备，我们甚至可以通过降低温度令热运动减小到极弱的程度，从而使磁场的定向作用有把握至少让氧气分子达到相当高比例（如果不是全部）的“完全磁化”。这种情况下，我们不会再看到磁场强度的加倍带来磁化程度的加倍，而是

① 之所以选择气体，是因为这样比固体或液体更简单；尽管气体的磁化作用相当微弱，这一事实并不会削弱其理论假设。

② 译注：保罗·朗之万（Paul Langevin，1872—1946），法国物理学家，主要贡献为朗之万动力学和朗之万方程。

随着磁场强度的增加,磁化程度的提高相比于此前会越来越小,并接近所谓的“饱和状态”。这一预言同样通过实验在定量上得到了确证。

请注意,这一现象完全依赖于分子的巨大数目,大量的分子共同作用时才会产生可观察的磁化作用。否则,磁化绝不可能保持稳定,而是每时每刻都会极不规则地波动,成为热运动与磁场此消彼长、两相竞争的结果。

第2个例子(布朗运动,扩散)

如果将一个密闭玻璃容器的下部充满含有极小液滴的雾气,你会清楚地观察到雾气上缘以一定速率逐渐下沉,沉降速率取决于空气黏度、液滴的大小和比重。但是,如果在显微镜下观察某一单个液滴,会发现其沉降速率并不总是恒定的,而是呈现出非常不规则的运动,也就是所谓的布朗运动。只有在平均意义上,这种运动才是一种规则的沉降。

这些液滴并不是原子,但是它们足够小而轻,面对那些不断撞击其表面的单个分子的冲击时,不至于完全不为所动。如此,它们被撞来撞去,只是在平均意义上服从重力的作用。

这个例子表明,若是我们的感官连少数几个分子的冲击都能感受到,那我们的经验将多么的有趣和混乱啊。有的细菌及其他一些有机体是如此的微小,会受到这个现象的强烈影响。它们的运动取决于周围环境中热的波动,由不得自己。如果它们有自己的动力,或许也能成功地从一处移动到另一处——不过是有些困难罢了,因为它们受到热运动的颠簸,如同汹涌大海中的一叶扁舟。

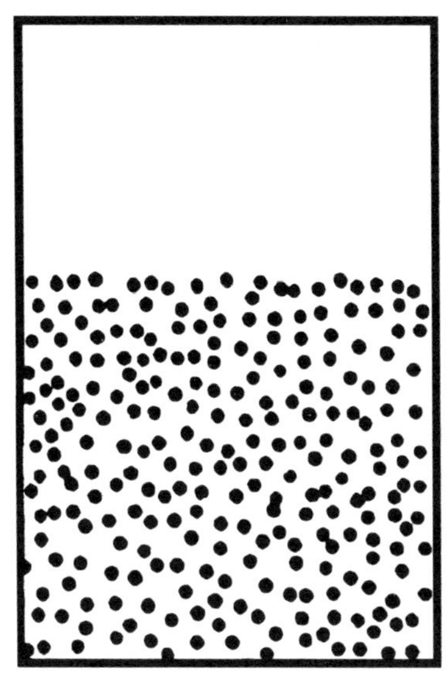

图 2 下沉的雾气

图 3 某一下沉雾滴的布朗运动

与布朗运动非常相似的一个现象是扩散。设想一下将少量有色物质溶解于一个盛满液体的容器中,比方说将高锰酸钾溶解于水中,但要使其浓度不均匀,如图 4 所示,黑点代表溶质(高锰酸钾)分子,其浓度从左向右递减。如果你把这个体系放在一旁静置,一个非常缓慢的“扩散”过程就会开始,高锰酸钾将从左向右、从浓度高的地方向浓度低的地方扩散,直至在水中均匀分布。

这个过程相当的简单,显然也不是那么有趣,但它的不可思议之处就在于它绝不像人们想象的那样,有某种倾向或作用力驱使着高锰酸钾分子从密度高的区域向密度较低的区域移动,好比一个国家的人口向空间更为宽松的地域迁移过去。高锰酸钾分子并不是这么一回事。每一个高锰酸钾分子的运

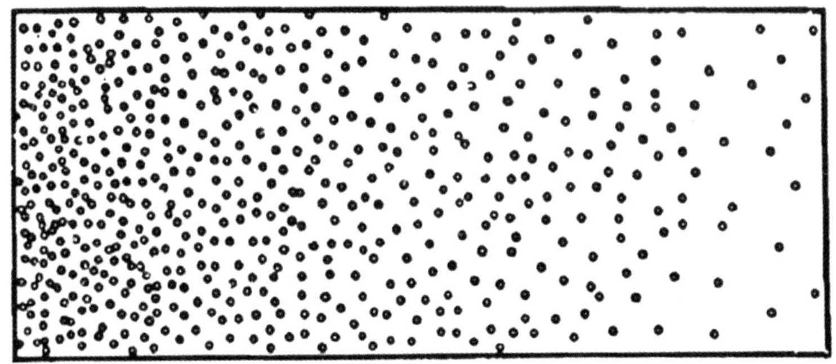

图 4　溶解浓度不均时从左向右的扩散

动都相当地独立于其他分子，很少相互碰撞。不论是在分子密集的区域还是在没有分子存在的区域，每一个高锰酸钾分子都一样受到水分子的冲击而被碰来碰去，进而朝着不可预测的方向逐渐地移动——有时朝浓度高的地方，有时朝浓度低的地方，有时则斜着移动。它表现出来的运动常常被比作一个被蒙住双眼的人的行动——他渴望在宽广的路面上“行走”，却无法选择某个特定的方向，因而他的路线也在不断变化。

所有的高锰酸钾分子都是随机运动的，却产生了朝着低浓度方向有规律地流动、最终达到均匀分布的效果。这乍一看的确令人费解——不过也只是乍一看会这么觉得而已。如果你仔细考察一下图 4 中上下浓度大致相同的各个薄薄的切面，会发现在某一给定时刻，一个特定切面所含的高锰酸钾分子确实是在随机行走的，而且朝左侧和朝右侧的概率是相等的。而恰恰因为这一点，某一切面会被两侧相邻的切面所拥有的分子都穿过，但从左侧过来的分子显然比右侧过来的多，只不过是因为左侧参与随机运动的分子要比右侧的多。如此一来，两个方向运动合成，就呈现出从左到右的规律性流动，直至达到均匀分布。

若将这些想法转换成数学语言，就可以得到一个精确的扩散定律，其形式是一个偏微分方程：

$$\frac{\partial\rho}{\partial t}=D\nabla^2\rho$$

为了给读者省去一些理解上的困难，我在这里就不作解释了，尽管这个方程的意思用平常的语言表达起来也足够简单。[①]之所以在此提及“在数学上精确的”严格定律，是为了强调它在物理上的精确性必须在每一个具体的应用中得到检验。由于纯粹地建立在偶然性之上，定律的有效性只是近似的。通常来说，如果它是一个很好的近似，那也只是因为在这一现象中共同作用的原子数目庞大。我们必须明白，原子数目越少，偶然偏差就越大——这些偏差在适当的条件下可以被观察到。

第3个例子（测量精度的局限）

我们要举的最后一个例子跟第2个例子非常相似，但是它有着特别的意义。物理学家们常常用细长的纤丝悬挂一个很轻的物体并使之处于平衡指向，然后对其施以电力、磁力或重力使之绕垂直轴发生扭转，从而测量使其偏离平衡位置的微弱的力（当然，须根据特定的目标选择适当的轻物体）。人们在不断地努力改进这种常用“扭称”的精确度时，遭遇了一个本身就非常

① 也就是：任何一点的浓度都随着一定的时间变化率而增加（或减小），这个时间变化率与该点周围无限小区域内的浓度的相对增加（或减少）成正比。顺便提一句，热传导定律的形式完全一样，只不过需要将“浓度”替换成“温度”。

有趣的奇特瓶颈。随着选用的物体越来越轻、纤维越来越细长——以使扭称检测到更为微弱的力，扭称装置会遇到一个限制：悬挂的物体对周围分子热运动的撞击变得相当敏感时，它会开始在平衡位置持续不停而且不规则地“跳舞”，与第 2 个例子中液滴的抖动很相似。这一现象虽然并没有对扭称测量的精度设置一个绝对极限，却设置了一个实际极限。热运动不可控的影响与待测力的影响相互竞争，使观察到的单次扭转失去意义。为了消除仪器受分子布朗运动的影响，必须进行多次观测。我认为在我们目前进行的研究中，这个例子特别具有启发性。毕竟，我们的感觉器官也是一种仪器。可想而知，如果它们太过敏感，也会变得毫无用处。

$\sqrt{n}$ 规则

例子暂时就举这么多了。我只补充说明一点：在和有机体或其与环境相互作用有关的诸多物理学和化学定律中，没有一条是我不能当作例子的。具体的解释可能更为复杂，但关键点都是一致的，所以描述起来会有些单调。

不过，任何一条物理定律的精确度都存在一定程度的局限，对此我要补充一个非常重要的定量说明，即所谓的$\sqrt{n}$规则。首先我会用一个简单的例子来说明，然后再加以概括。

如果我告诉你，一定压力和温度条件下的特定气体具有一定的密度(换一种说法就是，这些条件下一定体积的该气体正好拥有 n 个分子)，那么可以肯定，若能在某一特定时刻检验我的说法，你会发现它并不准确，而且偏差以$\sqrt{n}$计。因此，如果数目$n=100$，你会发现偏差约为10，于是相对误差为10%。但如果$n=1000000$，那么你很可能会发现偏差约为1000，于是相对误差为0.1%——这时便可以大致得到一个相当普遍的统计学定律了。物理学和物理化学定律的不准确性表现在，它可能的相对误差在$1/\sqrt{n}$之内，n指的是分子数量，这些分子共同作用从而表现出该定律——也就是使它在与某些观点或某一特定实验有关的空间或时间（或时间-空间）区域内有效。

这里可以再次看出，有机体必须拥有一个相对巨大的结构，才能在其内部生活和与外部环境的互动中得到足够精确的定律的保障。否则，如果参与共同作用的微粒数目过少，“定律”就不会太精确了。尤为苛刻的条件就是那个平方根。因为即便一百万确实是一个相当大的数字，但仅仅小到千分之一的误差还远远配不上“自然定律”的称号。

第二章

遗传机制

• *Part Ⅱ The Hereditary Mechanism* •

存在是永恒的；
因为生命的宝藏保存在许多定律中，
而宇宙从这些宝藏中汲取着美。

——歌德

薛定谔生活了 16 年的都柏林，
《生命是什么》一书正是在都柏林时期完成并出版的

经典物理学家那些绝非无关紧要的设想是错误的

于是我们可以得出结论说：有机体及其所经历的所有生物学相关过程，必须具备极其“多原子的”结构，必须避免偶然的“单原子”事件产生太大的影响。“素朴物理学家”告诉我们，这对于有机体按照足够精确的定律进行极为规则而有序的运作可谓十分必要。从生物学上说，这些先验地（也就是从纯物理的角度）得出的结论与实际的生物学事实究竟有几分相符呢？

乍一看，人们可能会认为这些结论平淡无奇，也许三十年前就已有生物学家说过了。在大众讲座中强调统计物理学不管是对有机体还是对其他对象都同样重要可能并无不妥，但这个观点实际上是老生常谈。因为任何高等生物的成年个体，不管是它的身体，还是组成它身体的每一个细胞，自然都包含了多达“天文数字”的各种单原子。我们观察到的每一个特定的生理学过程，不管是在细胞内部的还是在它与环境互动中的，似乎（可能三十年前就已经有人说过）都涉及数目巨大的单原子和单原子过程，所有相关的物理学和物理化学定律都由于这巨大的数目才得以成立，即便统计物理学对“巨大的数目”有着严苛的要求（我方才已经用规则说明过了）。

现在，我们知道这个观点其实是错误的。我们等一下就会看到，有一些小到不可思议的、小到无法形成精确的统计学定律的原子团，却在生命有机体中那些非常有秩序和规则的活动中发挥着支配性的作用。它们控制着有机体在发育过程中获得的可观察的宏观特点并决定着其功能的重要特性。简言之，它们控制着生物体表现出非常明显和严格的生物学定律的一切活动。

首先我需要简要概述一下生物学尤其是遗传学中的情况——也就是说,我不得不就一个自己并不精通的知识领域来总结其最新动态。我自己的总结确实是外行人的看法,但也没有什么别的办法。我对此表示歉意,特别是向生物学家们。另一方面,请允许我或多或少教条地介绍一些流行的观点。因为不能指望一个平庸的理论物理学家对实验证据进行出色的研究——这些证据一部分来自大量长期实践积累下来的、美妙地交织在一起的一系列繁育实验,它们充满了前所未有的创见,另一部分则来自使用极为精密的现代显微镜技术对活细胞的直接观察。

遗传密码本(染色体)

下面我要使用有机体的“模式”一词,也就是生物学家所说的“四维模式”中的那个词,它不单指有机体在成年阶段或其他特定阶段的结构和功能,也指其从受精卵细胞一直到具备生殖能力的成熟阶段的整个个体发育过程。现在我们已经知道,整个四维模式就是由受精卵这一个细胞的结构决定的。此外,我们还知道它本质上是由受精卵中很小的一部分,即细胞核的结构所决定的。在细胞平时的“休止期”,细胞核通常表现为网状染色质[①],分散在细胞内。但是,在那些极为重要的细胞分裂(有丝分裂和减数分裂,见下文)过程中,可以看到细胞核内含有一系列被称为染色体的颗粒,通常呈纤维状或棒状,数目为 8 或 12,而人类有 48 条[②]。不过其实我应该把这些数字写成如下形

---

① 这个词的意思是“能够被染色的物质”,即在显微技术中采用某种染色过程时会出现颜色的物质。

② 译注:薛定谔在这里关于染色体数目的说法有误,正常人只有 23 对染色体,即 46 条。

式才更清楚：2×4，2×6，……，2×24……并且应该按照生物学家惯常的表述，说成是两组染色体。因为，虽然可以通过形状和大小分辨出单个染色体，但是这两组染色体几乎完全相同。稍后我们会了解到，其中一组来自母体（卵细胞），另一组来自父体（与卵子结合的精子）。正是这些染色体，或者仅仅是我们在显微镜下看到的形似中轴骨的那些染色体纤丝，含有某种决定了个体未来发育及其在成熟形态下的功能的整个模式的密码本。每一组完整的染色体都含有全部的密码；因此，作为未来个体最早阶段的受精卵中通常会含有两份密码。

将染色体纤丝的结构称为密码本，意思是说像拉普拉斯曾设想的那个对任何因果关系都了然于心、明察秋毫的头脑，能够根据它们的结构说出那个卵子在适当的条件下会发育成一只黑公鸡还是芦花母鸡，还是长成一只苍蝇、一棵玉米、一株杜鹃花、一只甲虫、一只老鼠或者一个女人。我在这里要补充一下，卵细胞的外观看起来通常都不可思议地相似。即使不相似，比方说鸟类及爬行动物的卵细胞相对来说体积巨大，但是它们在有关结构上的差异却远不如在营养物质含量方面的差异——这些巨大的卵细胞中的营养物质显然要多得多。

不过，“密码本”这个词还是太狭隘了。毕竟染色体的结构同时还有助于促进它们所编码的发育过程。它们集法典规章和行政体系——或者换个比喻，设计师的蓝图和建筑工的技艺——于一身。

身体通过细胞分裂(有丝分裂)成长

染色体在个体发育[①]中有何表现呢?

有机体的生长是由细胞的连续分裂引起的。这种细胞分裂称为有丝分裂。考虑到构成我们身体的细胞数量十分巨大,每个细胞一生所经历的有丝分裂可能并不如我们想象中的频繁。起初母细胞迅速生长,然后分裂成两个“子细胞”,接着它们又分裂成下一代的四个细胞,然后是 8、16、32、64……在生长过程中,细胞分裂频率在身体的不同部分并非总是完全相同,这样一来便打破了这些数目的规律性。但是,对它们的快速增加进行简单推算后便可得知,平均经过 50 或 60 代的连续分裂之后,便足以得到一个成人所需的细胞数量[②]——如果再考虑到一生中的细胞更替,那就是这个数目的 10 倍。所以平均而言,我现在的一个体细胞只是形成我的那个卵细胞的第 50 或 60 代“后裔”。

有丝分裂过程中每一条染色体都会加倍

染色体在有丝分裂中又有什么表现呢?它们会自我复制——两组染色体,也就是两套密码,都会加倍复制。人们在显微镜下对这个极为有趣的过程进行了细致的考察,但它过于复杂,在此无法详加描述。重点是,两个“子细胞”中的每一个都得到了一份“嫁妆”——与母细胞十分相似的两组完整的染色体。

---

① 个体发育是个体在其一生中的发育。与之相对的是系统发育,指物种在地质学分期内的发展。

② 非常粗略地说,具体数目是 1000 亿或者 10000 亿。

因而,所有体细胞的染色体"传家宝"都是一模一样的。[①]

不管对染色体的认识还多么欠缺,我们都不得不设想,任何单个的细胞(即使是那些不太重要的细胞)都拥有完整的(成对的)密码本,这一定以某种方式与有机体的机能密切相关。早些时候我们从报纸上读到,蒙哥马利将军在非洲战役中下达指示,让他的军队中的每一个士兵都要一字不差地了解他的所有作战计划。如果确有此事(考虑到他的部队智商高并且十分可靠,可以设想真有此事),那么,这就为我们的例子提供了一个极佳的类比,即每一个细胞都相当于一位士兵。最令人惊奇的事实在于,在整个有丝分裂过程中染色体组始终是成对的。这便是遗传机制中最突出的特点,而恰恰是它唯一的例外清楚地揭示了这一特点,我们现在就来讨论这个例外。

染色体数目减半的细胞分裂(减数分裂)和受精(配子结合)

个体开始发育之后不久,就有一群细胞专门"被保留着",用于产生成年个体在发育后期进行繁殖所需的配子,即精子和卵子。"被保留着"意味着它们不会同时承担其他的功能,而且经历过的有丝分裂次数要少得多。通过这种例外的即减半的分裂过程(称为减数分裂),这些被保留下来的细胞到个体成年时最终形成配子,一般是在配子配合前不久完成的。减数分裂中,母细胞中成对的染色体组只是分开成单独的两个染色体组,分别进入两个子细胞即配子之中而已。换句话说,在减数分裂中,染色体的数目并不会像在有丝分裂中那样加倍,而是保持不变,因此产生的两个配子中的每一个都只能得到一半的染色体——也

① 这份简短的概要中并没有提及嵌合体的例外情况,请生物学家们见谅。

就是一份完整的密码,而不是两份,比方说人的配子有 24 条染色体,而不是 2×24=48(条)。

只有一个染色体组的细胞被称为单倍体(haploid,源于希腊词汇 απλουζ,意为“单一”)。所以配子都是单倍体,而正常的体细胞都是二倍体(diploid,源于希腊词汇 διπλουζ,意为“二倍”)。偶尔也有一些个体所有的体细胞中都拥有三倍、四倍……或者多倍的染色体组,相应地被称为三倍体、四倍体……多倍体。

雄性配子(精子)与雌性配子(卵子)都是单倍体,它们在配子配合的过程中相互融合,形成的受精卵细胞是二倍体。受精卵的一个染色体组来自母方,另一个来自父方。

单倍体个体

还有一点也需要纠正。虽然它对我们的讨论并非不可或缺,但的确十分有趣,因为它表明每一个染色体组都单独含有相当完整的一套关于“模式”的密码本。

有些情况下,减数分裂过后并没有紧接着发生受精,其间单倍体细胞(即“配子”)经历了许多次有丝分裂,形成了一个完整的单倍体个体。雄蜂就是这种情况,它是通过孤雄生殖的方式产生的,直接由蜂后产出的卵细胞发育而来(该卵细胞未经受精因而是单倍体)。雄蜂是没有父亲的！它所有的体细胞都是单倍体。如果你乐意,也可以把它称为一个极度扩大了的精子;而且众所周知,事实上它一生中唯一的使命也是交配。然而,这么说或许有些荒唐,因为它的情况也不是那么独一无二。许多种植物都会通过减数分裂形成单倍体配子,即所谓的孢子,它们直接落入土壤中,像种子一样发育成和二倍体差不多大的单倍体植株。图 5 是一种在森林中常见的苔藓的示意图。下面长着叶片的部分是单倍体植物，叫作配子体。该部分顶端长有生殖器官和配子，以常规的方式相互受精可以产生一种二倍体植物，即裸露的茎，茎的顶端长有孢子囊。这个二倍体植物被称为孢子体，因为它通过减数分裂在顶端的孢子囊中产生孢子。孢子囊打开时，里面的孢子落入土壤后长出有叶片的茎并继续生长。这些活动的过程被十分恰当地称为世代交替。如果愿意，你也可以用同样的方式看待人和动物。只不过相应的"配子体"通常会是寿命很短的一代单细胞个体，即精子和卵细胞。我们的身体则对应着孢子体，"孢子"就是那些可以通过减数分裂产生的、"被保留着"的一代单细胞。

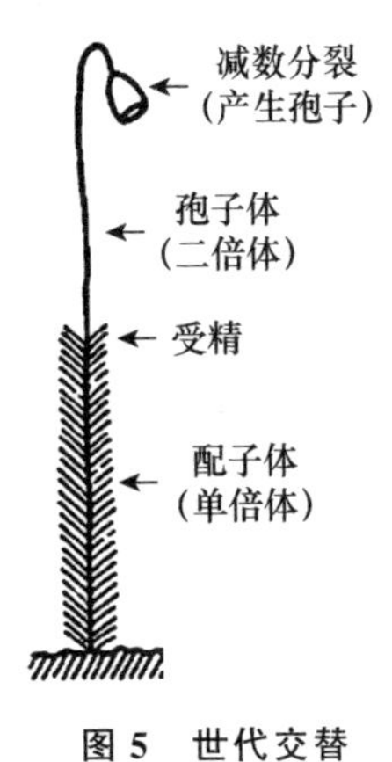

图 5 世代交替

减数分裂的突出作用

个体的生殖过程中至关重要的、真正具有决定性的事件并不是受精，而是减数分裂。一组染色体来自父亲，另一组则来自母亲,无论是偶然的还是命定的因素都无法改变。每一个男人[①]的遗传都是一半来自母亲,一半来自父亲。到底是哪一边的遗传更占优势,则取决于其他一些原因,我们后面会提到。(当然,性别本身就是这种优势最简单的体现。)

但是,如果你把自己的遗传追溯到祖父母辈时,情况又有所不同了。以我自己为例,让我们把目光聚焦于父方染色体组,集中在其中一条上面,比方说5号染色体。我的5号染色体要么是由我父亲从他父亲那里得到的5号染色体精确复制而来,要么是由他从他母亲那里得到的5号染色体复制而来,概率是50∶50。最终答案则取决于我父亲体内在1886年11月进行的某次减数分裂,那颗决定我出生的精子也在数天后由此产生。该组染色体中的1号、2号、3号……24号也都是完全一样的情况。若加以适当变化,母方染色体组中的每一条也同样适用。此外,所有的这48条染色体的分配都完全是相互独立的。即使已知5号染色体来自我的祖父约瑟夫·薛定谔,我的7号染色体仍然可能以相同的概率来自我的祖父或者我的祖母玛丽(博格纳氏)。

染色体交叉互换·性状的定位

若考虑到来自祖父母的遗传物质可以在后代中发生混合,那么纯粹的偶然性还不止于上面所描述的情形:此前我们一直默认或者明确说到,某条特定的染色体是一整个地从祖父或祖母那里继承而来,也就是单个染色体本身在传递过程中从未被分开。事实上并非如此,或者说并非总是如此。以父亲身体中

① 每一个女人也完全如此。为避免冗长,在这里的概述中我并未谈及性别决定和伴性性状(如所谓的色盲),这些问题也非常有意思。

的减数分裂为例，任何两条“同源”染色体，在减数分裂中被分开之前是彼此紧密接触的，其间有时会以图6所示的方式发生整段交换。通过这一被称为“交叉互换”的过程，原来分别位于同一条染色体不同位置的两种性状会在孙代中发生分离，出现在其中一种性状上跟随祖父，而在相应的另一种性状上却跟随祖母的状况。染色体交换的现象既不罕见也不常见，它为我们确定染色体上不同部位所决定的性状提供了极其珍贵的信息。要完全解释清楚这一点，我们将不得不使用下一章才会介绍的概念（比如杂合性、显性）；不过这就会超出这本小书的范围，所以我还是直接介绍一下要点。

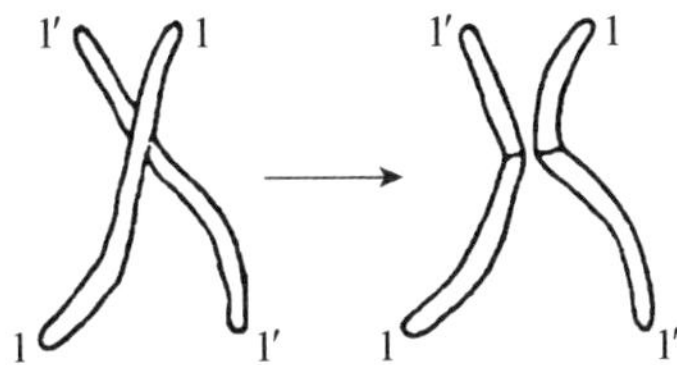

图6　交叉互换

左：紧密接触的两条同源染色体

右：交换与分离之后

如果不出现交叉互换，同一染色体决定的某两个性状总是会一同被传递下去，没有任何一个后代会只得到其中一个而同时得不到另外一个；但位于不同染色体上的两个性状，要么会以50∶50的概率被分离，要么总是被分离——后者是指当它们分别位于同一祖先的两条同源染色体上时，因为同源染色体永远不会同时传给子代。

染色体交叉互换影响了这些规律性与偶然性。因此，通过精心设计繁育试验和仔细记录子代中各种情况的百分比，就可以确定交叉互换的概率。进行数据分析时，我们接受了一个具有提示性的工作假设,即位于同一条染色体上的两个性状,其“连锁”被交换所打破的频率越小,就相隔得越近。因为隔得近的两个性状之间出现交换位点的概率比较小,而分布在两端的两个性状则总是会被交叉互换分离(这一说法也基本适用于位于同一祖先的同源染色体上的性状的重新组合)。如此,我们便可以从这种“连锁统计学”中得到每一条染色体内的某种“性状地图”。

这些设想已完全得到确证。在那些经过充分试验的物种中(主要是但并不限于果蝇),受检验的诸性状实际上以不同的染色体(果蝇有四条)被分在不同的组当中,组与组之间不存在连锁。在每一组内,都可以画出一张在数量上解释了任意两个性状之间连锁程度的线性关系图,所以,几乎没有疑问地,这些性状就如同染色体的棒状结构一样呈一条线排布在染色体上。

当然,目前勾勒出来的遗传机制仍然相当空泛和单调,甚至比较稚拙。因为我们尚未提到这里所说的性状到底是什么。生物体的“模式”本质上是一个统一体、一个“整体”,要把它分割成一个个孤立的“性状”似乎既不合适也无可能。我们在具体情境下说的实际上是,如果祖代双方在某一具体的方面有所不同(比如一方为蓝色眼睛,另一方为棕色眼睛),那么子代在这方面要么随这一方,要么随另一方。我们在染色体上定位的东西,就是这种差异的位置(用专业术语叫作“位点”,或者,如果考虑到它背后假想的物质结构,可以称为“基因”)。在我看来,性状的差异而非性状本身才真正是基础性的概念,尽管这个说法明显具有语意上和逻辑上的矛盾。接下来我们谈到变异的时候会看到,性状的差异实际上是不连续的,同时我也希望此前所描述的枯燥机制能够变得生动多彩起来。

单个基因的最大尺寸

刚才我们引进了"基因"这一术语，来表示承载了某种明确的遗传特性的假想性物质载体。现在有必要强调两个与我们的研究高度相关的要点。一是载体的尺寸，更贴切地说，是最大尺寸；换言之，我们能够将染色体上的位点追踪到多小的体积？二是根据遗传模式的持久性所推断出来的基因的持久稳定性。

关于基因的尺寸，有两种完全相互独立的估计方式。其中之一基于遗传学证据（繁育试验），另一种则基于细胞学证据（使用显微镜直接观察）。第一种方式在原理上非常简单。将某条特定染色体上诸多不同的（宏观）性状（就果蝇而言）按之前描述的方式在染色体上定位以后，我们只需用测量到的染色体长度除以这些特性的数目，再乘以染色体横截面的面积，就能得到所需的估计值了。当然，我们将那些仅仅由于染色体交叉互换而偶然被分离的性状算作不同的性状，这样它们便不可能源于相同的（微观的或分子的）结构。另一方面，我们的估计显然只能给出尺寸的上限，因为随着研究工作的进展，通过基因分析分离出来的性状数目会不断增加。

另一种估计方式，尽管是基于显微镜观察，实际上也远没有那么直接。由于某种原因，果蝇的某些特定细胞（即它的唾液腺细胞）被极大地增大了，它们的染色体也如此。在这些染色体上，你可以发现深色的、横贯整个纤丝的密集纹路。达灵顿[①]曾提出，比起繁育试验所得到的位于该染色体上的基因数目，这些横纹的数量（在他研究的案例中是2000）尽管大很多，却基本在

---

① 译注：达灵顿（Cyril Dean Darlington，1903—1981），英国生物学家、遗传学家和优生学家，发现染色体交换现象及其机制。

同一个数量级。他倾向于认为横纹指示着实际的基因(或基因的间隔)。在正常大小的细胞中测得染色体的长度后,再除以横纹的数目(2000),他发现所得基因的体积相当于边长为 300 埃的立方体。考虑到这些估计值都不够精确,我们可以认为通过第一种方式得出的估计结果也是这个数值。

小数目

关于统计物理学与我此前回顾的诸多事实之间的关系——或许应该说,这些事实与将统计物理学应用于活细胞之间的关系,我会到后面再作讨论。现在我们先把注意力集中到如下事实上:300 埃仅仅相当于液体中的 100 个、固体中的 150 个原子间距,所以,组成一个基因的原子数目自然不会超过 100 万或几百万。但这个数目远不足以(根据规则)产生在物理统计学意义上有序的、有规律的行为。即便所有的这些原子像在气体或一滴液体中那样都起着相同的作用,这个数目也还是太小了。它很可能是一个很大的蛋白质分子,其中每一个原子、每一个自由基或每一个杂环都起着各自的作用,与任何其他相似的原子、自由基或杂环多多少少都有些不同。总之,这就是主流遗传学家如霍尔丹和达灵顿的观点,紧接着我们就要讨论非常有望证明这种观点的遗传学试验。

持久稳定性

现在我们来讨论第二个高度相关的问题:遗传特性到底具有多大程度的持久性,它们的载体又必须具备怎样的物质结构才能保证这种持久性呢?

其实不需要任何特别的研究，就可以给出答案。当我们使用“遗传特性”的说法时，就足以表明我们已然承认这种持久性几乎是绝对的。我们不要忘了，父母遗传给后代的不单单是这一个或那一个特征，比如鹰钩鼻、短手指、易患风湿病、血友病、二色视等。它们当然可以方便地用于遗传学定律的研究。但是，历经数代而不会有很大变化、得以持续数个世纪（尽管不是成千上万年）之久的，由结合为受精卵的两个细胞核中的物质结构传承下来的，实际上是与“表现型”（即个体身上可见的、明显的特质）相应的整体（四维）模式。这真是个奇迹——它仅仅次于另外一个奇迹；不过，如果说另外一个奇迹与这个奇迹密切相关的话，它也是一个不同层面的奇迹。所谓另一个奇迹，指的是尽管我们的存在都完全基于这类奇迹般的相互作用，我们却有能力获得很多关于它的知识。对于第一个奇迹，我认为有可能近乎完全地理解它。而对于第二个奇迹，我们人类的理解力或许还无法企及。

第三章

突　　变

• *Part* Ⅲ *Mutations* •

于变幻无常的现象中徘徊之物，用永恒的思想将其固定。

——歌德

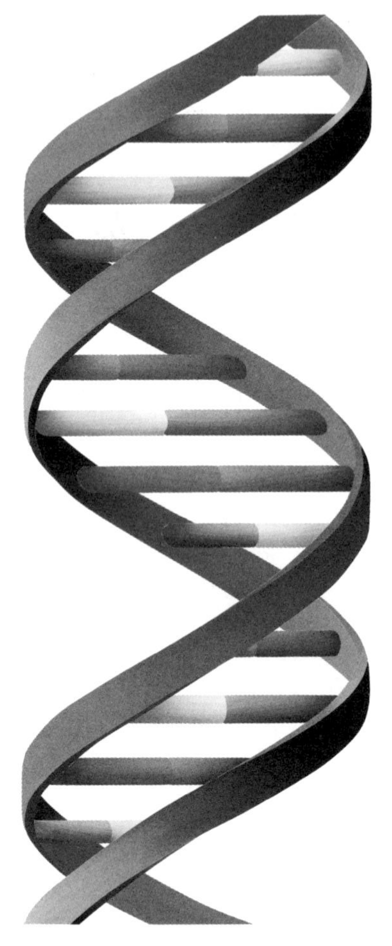

DNA 早在 **1869** 年就已经被发现了，但其功能和结构一直是一个谜，所以当时的科学家们无法认识到 DNA 具有重要意义

“跳跃式”突变——自然选择的作用基础

刚刚用来论证基因结构的持久稳定性而给出的许多一般性事实,对我们来说或许都太过熟悉而失去了新奇感或说服力。俗话说,无例外不成规则。此话用在这里确实没错。若所有的子代与亲代都无一例外地相似,我们不仅会错失所有那些详细揭示了遗传机制的精彩实验,而且还会失去自然界用自然选择和最适者生存来造就物种的那些声势浩大、千回百转的实验。

下面请允许我用这最后一个重要的主题作为呈现相关事实的出发点——再次提醒并请读者谅解,我不是生物学家:

达尔文认为,即使在品系最纯的种群中也会发生微小而连续的偶然变异,它们就是自然选择作用的材料。如今我们已经确切地认识到这种观点是错误的。因为这些变异已被证明不会被遗传下来。这个事实十分重要,值得简要地说明一下。如果拿一捆纯种的大麦,一个麦穗一个麦穗地测量其麦芒的长度,并把结果绘制在统计直方图中,以麦芒的长度为横轴,以相应长度的麦穗的数量为纵轴,将会得到一个如图 7 所示的钟形曲线。换言之,我们会看到一个数量明显较多的中位长度,两侧均有一定频率的偏差。现在选取一组麦穗(图中涂黑的那组),该组的麦芒长度明显偏离平均值,但仍有足够的种子用于播种并长出新的作物。假如达尔文对新长出的大麦作同样的统计,那么他会预见到相应的曲线向右移动。也就是说,按照他的设想,由于自然选择的作用,麦芒的平均长度会增加。不过,如果是用真正纯种的大麦品系进行繁育,那么情况并不会如此。用选出来的长麦芒作物进行播种后,其后代的麦芒长度曲线和第一条曲线相同;假如选取的麦穗麦芒非常短,结果也会是一样的。自然选择在此不起作用——因为那些微小的连续变异并未被遗传。它们显然不是基于遗传物质的结构改变,而是偶然的。但是,大约 40 年前,荷兰人德·弗里斯[①]发现,即使是完全纯种繁育的牲畜,其后代中也会有数量很少的个体,比如说成千上万的后代中有两三个,会出现微小的却是"跳跃式"的变化。"跳跃式"这个词并不是说变化有多么的大,而是说少数那几个发生变化的和未发生变化的个体之间没有中间形式,存在着不连续性。德·弗里斯称之为突变。问题的关键就在于这种不连续性。这让物理学家们想到了量子理论——两个相邻的能级之间没有中间能量。他们可能会把德·弗里斯的突变理论比喻为生物学的量子论。后面会看到,这远远不止是个比喻而已。实际上,突变就是由于基因分子中的量子跃迁造成的。但是,德·弗里斯于 1902 年首次发表他的发现时,量子论也不过才问世两年。因此,两者之间的密切联系经过一代人的时间才被发现,不足为怪。

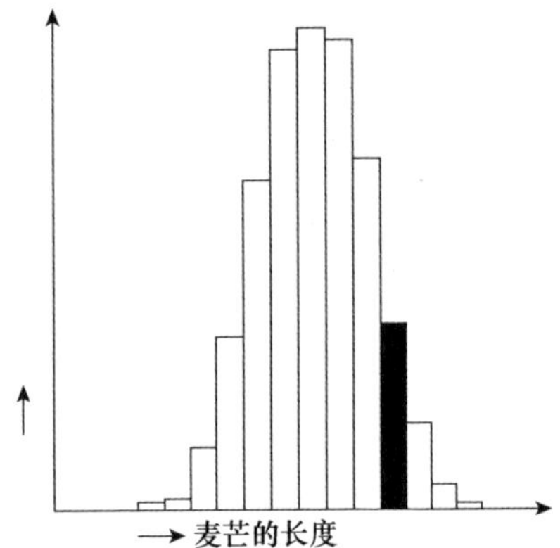

图 7 纯种大麦中麦芒长度的统计。涂黑的组别被选来播种(具体细节并不是根据实际试验得出,仅作说明之用)

① 译注:德·弗里斯(Hugo de Vries,1848—1935),荷兰植物学家、遗传学家,提出"基因""突变"等概念。

突变个体后代有相同的性状，即突变被完全遗传下来了

就像原有的、未变化的特性一样，突变也能得到遗传。举例来说，前文提到的第一代的大麦作物中可能会出现一些麦穗，其麦芒长度极大地偏离了图7所示的变化范围，比如完全无芒。它们可能就代表了一种德·弗里斯突变，而且会繁育与自己相同的后代，也就是说它们的后代也都没有芒。

因此，突变无疑是遗传宝库发生的一种变化，有必要追溯到遗传物质的某种改变。实际上，那些已经向我们揭示了遗传机制的重要繁育试验，大部分都是按照预先制订好的计划，使突变（在许多情况下是多种突变）个体和未突变个体或有着不同突变的个体进行杂交，然后对其子代进行仔细分析。另一方面，由于突变也会出现在后代身上，因而是自然选择发挥作用的合适材料；像达尔文所描述的那样，自然选择会以淘汰不适者、保留适者的方式产生新的物种。对于达尔文的理论，只须用“突变”替换他所说的“微小的偶然变化”（正如在量子理论中用“量子跃迁”替换“能量的连续转移”）即可，其他所有的方面无须作太多的修改——如果我正确地解读了大多数生物学家们所持的观点的话。①

定位·隐性与显性

我们现在必须回顾其他一些关于突变的基础性事实和概

① 基因突变明显倾向于有用或有利的方向，这是否有助于（如果不是代替）自然选择，已经得到了充分的讨论。我个人对此的看法并不重要，但是有必要指出之后的讨论都忽略了“定向突变”的可能性。另外，在这里我还无法谈及“开关”基因和“多基因”之间的相互作用，尽管它对自然选择和进化的实际机制十分重要。

念。我还是采用稍显教条的方式,不再直接介绍它们是如何一个一个地从实验证据中得出来的。

可以预期,如果一条染色体的某一特定区域内发生了变化,就会带来一个能清楚观察到的突变。确实如此。但有必要指出,我们清楚地知道这只是一条染色体上发生的变化,其同源染色体相应的“位点”上并没有出现这种变化。图 8 简要地表明了这一点,图中的×指的是突变位点。当突变个体(常常被称为“突变体”)与非突变个体杂交时,便可以揭示出只有一条染色体发生了变化这一事实。因为子代中恰好有一半表现出突变性状,而另一半则为正常性状。这正是我们预期的由突变体的同源染色体在减数分裂中分离带来的结果,如图 9 这一简洁的原理图所示。这就是一个“谱系”,(连续三代以内的)每一个个体都简单地用一对相关的染色体来表示。请注意,如果突变体的两条同源染色体都发生了变化,那么它所有的子代都会得到同样的(杂合的)遗传物质,与父本和母本都不一样。

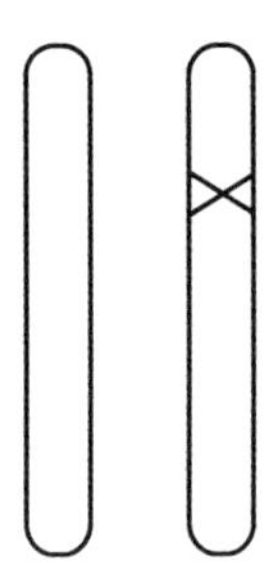

图 8　杂合的突变体。×表示突变的基因

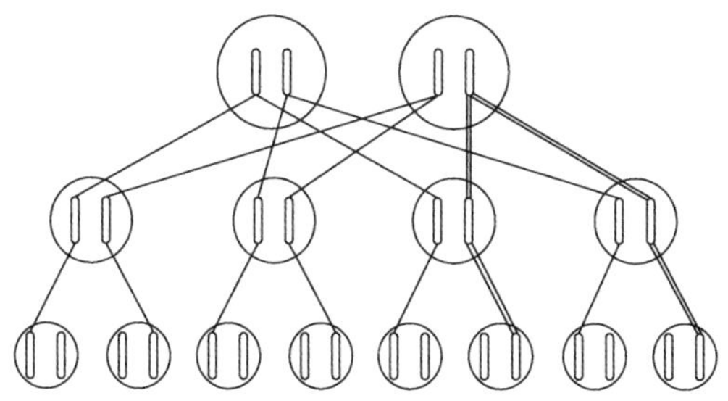

图 9 突变的遗传

图中交叉的直线表示某条染色体的转移，其中双线表示发生突变的染色体的转移。第三代中所获得的未突变的染色体来自第二代中相应的配偶，未在图中标出。假定这些配偶没有亲缘关系，也无突变。

但是，这方面的实验做起来却没有像前面说起来的那么简单。由于第二个重要的事实，即突变常常是隐藏的，实验变得复杂起来了。这是什么意思呢？

在突变体中，那两份“密码本的副本”不再是一模一样的了；尽管仍是在同一个地方，但它们呈现出来的却是两个不同的“读本”或“版本”。我也许最好马上指出：把原来的版本看作是“正统”而把突变的版本看作是“异端”，完全是错误的看法，尽管它很有吸引力。原则上，我们必须平等地对待它们——因为正常的性状也是从突变而来。

通常，实际的情况是个体的模式要么表现为其中一个版本，要么表现为另一个版本，即要么是正常的，要么是突变的。表现出来的版本被称为显性的，另一个则为隐性的；也就是说，一个突变被称为显性还是隐性，取决于它能否立刻有效地改变子代的表现模式。

隐性突变比显性突变更为常见，而且非常重要，尽管刚开始它们完全不会表现出来。两条染色体上都出现突变时（见图

10),它们才会影响到模式。当两个同样为隐性的突变体碰巧相互杂交,或者当某一突变体进行自交时,就能产生这样的个体;雌雄同株的植物有可能出现这种情况,甚至还是自发的。简单思考一下就能知道,这些情况下子代中有四分之一将会是这种类型,它们能明显地表现出突变的模式。

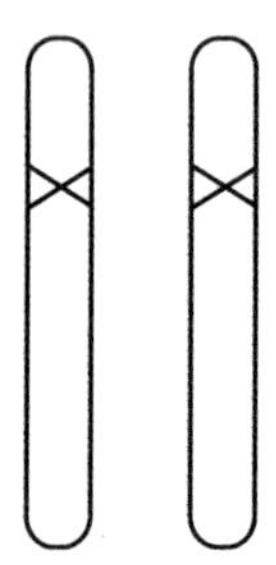

图 10　纯合突变体,单个杂合突变体进行自交或者两个杂合突变体进行杂交后可获得四分之一的后代为此类型

介绍一些专业用语

现在让我来解释几个专业术语,这将有助于问题的澄清。前面提到的“密码本的版本”(无论是原始的还是突变的),相应的术语是“等位基因”。当两个版本不相同时,如图 8 所示,就相应的位点而言该个体是杂合的。当它们相同时,比如未突变的个体或图 10 中的情形,该个体就是纯合的。于是,隐性等位基因只有在纯合时才会影响表现模式,而显性的等位基因无论是纯合的还是杂合的都会产生同样的表现模式。

相对于无色(或白色)而言,有色通常为显性。因此,以豌豆为例,只有当它相应的两条染色体上均为“隐性的白色等位基因”,即“纯合的白色”时,才会开出白花;它繁育的后代也和自己一样,都会开白花。但是只要有一个"红色等位基因"(另一个为白色,"杂合的"),开的花就会是红色;两个红色等位基因("纯合的"),开的花也是红色。后两者的差异只有在后代中才能看出来,杂合的红色会产生一些白色的后代,而纯合的红色总是产生红色的后代。

两个在外表上看起来完全相似的个体,可能有着不同的遗传物质。这一事实非常重要,应当做出严格区分。用遗传学家的话说,它们具有相同的表现型,而具有不同的基因型。于是,前面几段的内容可以用简洁而高度专业的表达来总结:

只有当基因型为纯合的时候,隐性等位基因才能影响表现型。

我们偶尔也会用到这些专业的表达,但必要时会再向读者说明其含义。

近亲繁殖的危害

只要是杂合的,隐性突变就不会受到自然选择的作用。即使它们是有害的(通常都是如此),也不会被自然选择所淘汰,因为它不会表现出来。所以,许多不利的突变可能会积累,而且还不会立即对个体带来危害。但是,这些不利突变会遗传给一半的后代,所以这一现象对人类、牲口、家禽和我们密切关注其身体健康的其他物种而言有重要的意义。图 9 所示的情形即一个雄性个体(具体一些,比方说我)杂合地携带了有害的隐性突变,因而没有表现出来。假设我的妻子没有该突变。那么我们的孩子中(图中第二行)有一半人会携带该突变,他们依然是杂合的。如果这些孩子的配偶(为避免混淆,未在图中标出)也都不携带突变,那么我们的孙子孙女中平均会有四分之一的人以同样的方式受到影响。

这种危害一般不会明显地表现出来,除非两个同为携带者的个体相互交配。那么,稍作思考就知道,在它们子代中占比四分之一的一种纯合个体会表现出突变的危害。仅次于自体受精(只可能是雌雄同株植物)的、出现危害的风险最大的情形,是我的儿子和女儿通婚。他们两人受到潜在影响的概率均为二分之一,而这两个受到潜在影响的人乱伦结合之后,他们的孩子中又会有四分之一表现出这种危害。所以,一个乱伦所生的孩子陷入危险的概率是 1/16。

按照同样的道理,就我孙儿女中一出生就互为表亲的("血统纯正的")两人生育的孩子而言,陷入危险的概率为 1/64。这些概率看起来并不是太大,实际上第二种情况通常是被接受的。但是不要忘了,我们分析的是祖代配偶(即"我和我的妻子")中仅有一方具有某一种潜在危险时带来的后果。实际上他们两个人很可能都带有不止一种这类潜在的缺陷。如果你明确地知道自己带有某种缺陷,那么就不得不猜想一下,在你的 8 个表亲当中就会有 1 个也同样会带有那个缺陷!动植物实验表明,除了相当罕见的严重缺陷之外,似乎还有许多微小的缺陷共同作用使得近亲繁殖的后代总体上发生衰退。既然我们已经不再使用古代斯巴达人在泰格托斯山采用的残酷方式来淘汰失败者,那么就不得不严肃地看待人类面临的这些情况:适者生存的自然选择不仅被极大地削弱了,甚至还朝着相反的方向进行。如果说更原始条件下的战争可能还具有使适应力最强的部落得以幸存下来的正面价值,现代大量屠杀各国健壮青年的逆选择效应,就连这一点积极意义也没有了。

一般性的和历史性的评述

隐性的等位基因在杂合时完全被显性基因压制，从而不会表现出任何可见的影响，这一事实令人惊奇。不过至少应该提一下，该现象也存在着例外。纯合的白色金鱼草和纯合的深红色金鱼草杂交产生的后代，第一代全部都是中间色，即粉色（而不是所预期的深红色）。还有一个更为重要的、体现了两个等位基因是如何同时作用来决定血型的例子，但在此处就不作过多的讨论了。如果最终发现隐性基因也能在“表现型”中呈现出不同程度的影响，只不过有赖于检测的灵敏度，我们也不必感到惊讶。

这里应当提一提遗传学的早期历史。遗传学的理论支柱，即亲代的不同性状在连续数代中的遗传定律，尤其是显隐性性状的重要区分，都归功于如今早已世界闻名的奥古斯丁修道院院长格雷戈尔·孟德尔（1822—1884）。孟德尔对突变和染色体并无了解。他在修道院的花园里进行了许多豌豆种植试验，栽种了不同的品种并使之杂交，然后观察其子1代、2代、3代等。可以说，孟德尔用于试验的就是自然界中业已形成的突变体。早在1866年，他就在“布隆自然研究者协会”的会报上发表了相关结果。当时似乎没有什么人对这位修道士的业余爱好有什么兴趣，显然人们也根本就不会想到他的发现到了20世纪竟然指引着一门全新的科学，这门科学在今天引起了我们极大的兴趣。他的文章被遗忘了，直到1900年才被科伦斯[①]（柏林）、德·弗里斯（阿姆斯特丹）和切尔马克[②]（维也纳）三人在同一时期各自

① 译注：科伦斯（Carl Erich Correns，1864—1933），德国植物学家、遗传学家。

② 译注：切尔马克（Erich von Tschermak，1871—1962），奥地利农学家。

独立地重新发现。

突变作为一种稀有现象的必要性

目前我们主要关注了有害的突变,这种情况更为多见,但必须明确指出,也同样存在着有利的突变。如果自发突变是物种发展过程中一个小小的步骤,那么我们得到的印象是,物种以一种相当随意的方式在“试用”某些变化,而有的变化可能是有害的,它们会被自动淘汰。这就引出了非常重要的一点。突变只有作为一种稀有现象(实际上也的确如此),才能适合自然选择的作用方式。如果突变过于频繁,就很可能在同一个个体身上同时出现许多不同的突变,而那些有害的突变通常会压过有利的突变占据主导,那么整个物种非但不会得到改良,反而会停滞不前或者灭绝掉。或许可以从一个工厂的大型制造车间的运作方式中找到一个类比。为了改进生产方式,必须尝试各种创新,即使这些创新尚未得到确证。但是,为了确定这些创新到底是提高了产量还是降低了产量,有必要每次只引入一种创新并使得生产过程中的其他部分保持不变。

X 射线引起的突变

现在,我们必须回顾一系列非常巧妙的遗传学研究工作。我们会看到,这些工作与我们的分析密切相关。

用 X 射线或 γ 射线照射亲代后,后代中出现突变的比例(即所谓的突变率)比起小小的自然突变率来要高许多倍。这种方式引起的突变与自发产生的突变相比没有任何区别(除了数量上更多之外),给人的印象是每一个“自然的”突变都可以用 X

射线做到。大规模人工饲养的果蝇中，会不断自发地出现许多突变，而且已经在染色体上被定位下来，像上一章后四部分所描述的那样有专门的命名。甚至还发现了一种所谓的“复等位基因”，即除了原来的、未突变的那个基因之外，染色体密码本的同一位置还有两个或更多不同的“版本”或“读本”；这意味着在这个特定的“位点”上不是只有两个选择，而是有三个或者更多，其中同时出现在两条同源染色体相应位点上的任意两个基因都具有“显-隐性”关系。

关于X射线诱导突变的实验给人的印象是，每一个特定的“转变”，比如说从正常个体转变到特定的突变体，或者反过来，都有它自己的“X射线系数”。该系数指示着，子代出生之前用一定剂量的X射线照射亲代后，子代中以相应的特定方式发生突变的比例。

定律1：突变是单一事件

此外，支配诱发突变率的定律极其简单且极具启发性。这里我将参考季莫费耶夫[①]发表于《生物学评论》1934年第9卷上的报告。相当大一部分的内容都是作者自己精彩的原创。第一条定律是：

(1)突变的增加与射线的剂量呈严格的比例关系，因而确实可以认为(如我之前所说)存在着一个递增系数。

我们对简单的比例原则已习以为常，很容易低估上面这个简单定律的深远影响。为了理解这些影响，我们也许会想起，譬如说，商品的总价并不总是和它的数量成比例。常见的

① 译注：季莫费耶夫(N. W. Timofeeff，1900—1981)，苏联生物学家，主要研究领域为放射遗传学、实验种群遗传学和微观进化。

情形是,商店老板记得你以前从他那里买过6个橘子,于是当你这一次打算买一整打(12个)时,他给你的价格要比你上次买6个橘子的价钱的两倍低一些。不过,当货源不足时则可能相反。就我们讨论的例子而言,可以得出结论说,第一个半数辐射剂量即使能够使一千个后代中有一个发生变异,它对于剩下的个体也没有任何影响,既不让它们倾向于发生突变,也不会使它们免于突变。因为如果不是这样,第二个半数辐射剂量就不会正好再次引起千分之一的后代发生突变。因而,突变并不是由连续剂量的微小辐射相互强化所带来的积累效应。它必定是在照射期间发生在一条染色体上的单一事件。那么,是哪一种事件呢?

定律2:该事件的局域化

第二条定律可以回答这个问题,即:

(2)如果在广泛的范围内改变射线的性质(波长),从较柔和的X射线到较强烈的γ射线,那么只要所给的辐射剂量(以伦琴单位计)是相同的,也就是说,通过在亲代受到照射的位置选择适当的标准物质,然后测量其单位体积内在照射期间产生的离子总量所得到的剂量相同,递增系数就会保持恒定。

我们选择空气作为标准物质,不仅出于方便,也是因为构成有机体组织的元素与空气具有相同的平均原子质量。将空气中电离作用的次数乘以两者的密度比,就可以得到组织中发生的电离作用或伴随过程(激发)总数的下限①。那么很显然,造成突变的单个事件正是发生在生殖细胞中某一"临界"体积内的一

① 之所以是下限,是因为还有一些其他的过程也可能有效地引起突变,但是不在对电离作用的检测范围之内。

次电离作用(或类似的过程),这已经被更严谨的研究证实。这一临界体积有多大呢?基于已观察到的突变率,可以进行如下的估计:如果每立方厘米 50000 个离子的剂量仅仅能够使任一配子以某种特定方式发生突变的概率为 1/1000,那么我们就可以推断出临界体积,即那个必须被一次电离作用“击中”才能发生突变的“靶”,仅为 1/50000 立方厘米的 1/1000,即五千万分之一立方厘米。这里的数字并不准确,只是用来演示一下而已。在实际估计中,我们的依据是德尔布吕克[①]与季莫费耶夫、齐默尔[②]共同发表的一篇论文[③],而这篇论文是我们在接下来两章中要阐述的理论的主要来源。他估计出来的体积只有边长为 10 个平均原子距离的立方体那么大,仅包含约 10^3 即 1000 个原子。对这一结果最简单的解读是,只要有一次电离作用(或激发)发生在距染色体某一特定位置“10 个原子的距离”以内,就很有可能发生一次突变。我们后面会更详细地讨论这一点。

季莫费耶夫的报告中包含着一个非常有现实意义的线索,尽管它和我们当前的研究没有什么关系,但是我还是应该提一下。现代生活中,人们在很多场合下不得不暴露于 X 射线中。人们熟知的直接危害包括灼伤、X 射线癌、绝育等,可以采取的防护措施是使用铅屏障、穿戴铅围裙。那些需要经常和射线打交道的护士和医生们尤其需要做好防护。问题在于,即使个体可能受到的直接危害被成功地抵挡了,但间接的危害——发生于生殖细胞中、有着类似于我们刚刚提过的近亲繁殖的不良后果的、微小而有害的突变依然会存在。说得夸张些,也许还可能有点幼稚,堂表兄弟姐妹间通婚的危害可能会因为他们的祖母

① 译注:德尔布吕克(Max Delbrück,1906—1981),德裔美籍生物物理学家。

② 译注:齐默尔(Karl Zimmer,1911—1988),德国物理学家、放射生物学家。

③ Nachr. a. d. Biologied. Ges. d. Wiss. Göttingen, 1935(1): 189.

之前是一个长期和 X 射线打交道的护士而大大地增加。就个人而言,我们并不需要为此感到担忧。但是,那些人们所不希望发生的、能够逐渐影响全人类的潜在突变的可能性,却应当为社会所关注。

第四章

量子力学的证据

• Part Ⅳ The Quantum-Mechanical Evidence •

你高高腾起的精神火焰默许了一个比喻，一个意向。

——歌德

克里克

沃森

威尔金斯

沃森、克里克与威尔金斯因为共同发现 DNA 的双螺旋结构而共同获得 1962 年诺贝尔生理学或医学奖，而三人均受到《生命是什么》一书的影响

经典物理学无法解释的持久稳定性

借助X射线这一极为精密的手段（物理学家都知道，30年前正是通过它揭示了晶体详细的原子晶格结构），生物学家和物理学家经过共同努力，最近已经成功地缩小了决定个体某项宏观特征的微观结构的尺寸——“单个基因的尺寸”——的上限，使之远远低于第31—32页中的估计值。现在我们正严肃地面临着一个问题：基因的结构似乎只涉及相对来说数量很少的原子（数量级为1000，也可能更少），却以近乎奇迹的持久稳定性进行着极为规律的活动，那么从统计物理学的观点出发，应该如何调和这些事实呢？

不妨仍旧用轻松一点的方式来看看这个令人惊异的情形。哈布斯堡王朝的好几位王室成员都有一种奇特而难看的下唇（“哈布斯堡唇”）。在王室的资助下，维也纳皇家学院仔细研究了它的遗传情况，并连同相关的历史肖像一起发表。该特征被证明是一种与正常嘴唇形态对应的、由地道的孟德尔式“等位基因”决定的性状。如果集中考察其中一位生活在16世纪的家族成员及其生活于19世纪的后代的肖像，那么可以充分设想，决定这种畸形的物质基因结构在数个世纪中被一代一代地传了下来，并且在其间为数不多的细胞分裂中得到了忠实的复制。此外，相关基因结构所包含的原子数目很可能与X射线检测得到的原子数目处于同一个数量级。整个期间，该基因的温度一直保持在98℉附近。然而数个世纪以来，它始终没有被热运动的无序趋势干扰，我们该如何理解这一点呢？

如果19世纪末的一位物理学家准备仅凭他自己能解释并熟知的那些自然定律来回答这个问题，那么他会不知所措。对这一统计学情形进行简单思考之后,他或许会回答说(后面会看到,他说得对):这些物质结构只能是分子。关于这些原子集合体的存在以及有时具有高度的稳定性,当时的化学界已经有了广泛的了解。但这种了解纯粹是经验性的。分子的本质尚不为人所知——使分子维持其形态的、原子间的强键作用,对当时所有的人来说都还完全是一个谜。实际上,前面的回答最终被证明是正确的。但是,如果只是将难以理解的生物稳定性追溯到同样难以理解的化学稳定性,那它的价值就很有限了。要证明这两个看起来相似的特点是基于同一个原理,除非我们知道这个原理本身,否则它的证据将始终难以站得住脚。

量子理论可以解释

量子理论为此提供了解释。就当前的认识而言,遗传机制不但和量子理论密切相关,甚至可以说就是建立在其基础之上的。量子论由马克斯·普朗克[①]于 1900 年提出。现代遗传学则可以追溯到德·弗里斯、科伦斯和切尔马克(1900)对孟德尔论文的重新发现,以及德·弗里斯本人关于突变的论文(1901—1903)。这两个伟大的理论恰巧几乎是同一时间诞生的,也难怪两者都必须发展到一定的程度之后才能看出其中的关联。就量子论来说,直到 1926—1927 年,关于化学键的量子理论基本原理才由海特勒[②]和伦敦[③]勾勒出来。海特勒-伦敦理论涉及量子论

① 译注:马克斯·普朗克(Max Planck,1858—1947),德国物理学家,量子力学创始人之一。

② 译注:沃尔特·海特勒(Walter Heitler,1904—1981),德国物理学家,主要贡献为量子电动力学、量子场理论,开创了量子化学。

③ 译注:弗里茨·伦敦(Fritz London,1900—1954),德国物理学家,提出了关于化学键、分子间力的经典理论。

最新前沿(称为“量子力学”或“波动力学”)中的最为精致和复杂的概念。要介绍量子力学,不提微积分几乎是不可能的,或者说至少还需要另外一本这么长篇幅的小书才行。但幸运的是,已经有现成的工作可以帮助我们整理思考,现在似乎可以更为直接地指出“量子跃迁”和突变之间的联系,并立即挑出最显著的问题。这正是我们在这里试图做的。

量子理论——不连续状态——量子跃迁

量子理论的最大发现在于揭示出“自然之书”的不连续特征,而此前人们一直都认为,任何非连续的东西都是荒谬的。

第一个例子与能量有关。宏观物体的能量是连续不断变化的,比如,单摆的摆动会由于空气的阻力而逐渐慢下来。说来也奇怪,事实证明,有必要承认原子尺度的系统确实有着不同的表现。我们必须假定,一个微观系统具有的仅仅是某种不连续的能量值,称为其特定的能级。至于假设的依据,无法在这里详细讨论。从一种能量状态转变为另一种能量状态是一个相当神秘的现象,通常被称为“量子跃迁”。

但是,能量并不是一个系统的唯一特征。还以单摆为例,不过这次设想它以不同的方式运动。比如,给从天花板上悬下的绳子系上一个重球,让它可以沿南北向或者东西向或者其他任何方向摆动,也可以以圆圈或椭圆的方式摆动。用一个风箱轻轻地对着球吹风,就能让它从一种运动状态连续地变化到另一种状态。

对于微观系统来说,诸如此类的特征大部分都是以不连续的方式变化的,具体细节就不讨论了。和能量一样,它们是“量子化的”。

结果是,若干原子核包括环绕它们的电子在相隔很近的时候会形成"一个系统",由于它们自身的性质所限,这些原子核并不能随便采取任何我们想得到的构型。其自身的性质决定了它们只能从数量庞大但并不连续的一系列"状态"中进行选择。[①]这些"状态"通常称为级或能级,因为能量是它们的特征中非常关键的部分。但必须明白,对其特征的完整描述包括了比能量要多得多的内容。将一个状态视作所有微粒的某种明确构型,实际上也没错。

由这些构型中的一种转变为另一种就是一次量子跃迁。如果后一种状态能量更大("能级更高"),那么系统必须从外界获得不低于两种能级之差的能量,才有可能发生转变。向低能级的转变则可以是自发的,多余的能量会通过辐射而散发。

分子

对于给定的若干原子而言,其一系列不连续的状态中不必然但有可能存在着一个最低能级,它意味着原子核彼此紧密靠拢。这种状态下的原子就形成了一个分子。这里要强调的一点是,分子必然会具有某种稳定性;它的构型不会改变,除非从外界获得了"提升"到相邻的更高能级所需的能量差。因而,这种能级差便在定量水平上决定了分子的稳定程度,它的数值是明确的。我们将会看到,这一事实和量子理论的基础(即能级的不连续性)之间有多么密切的联系。

我想提醒读者,上述说法都已经经过了化学事实的彻底检

① 我在这里采用的是通俗的说法,对我们当前的讨论来讲足矣。但是我为了方便一直无视它的错误之处,我为此感到愧疚。真实的情况要复杂得多,因为就系统所处的状态来说,它还包括很多偶然的不可确定性。

验，而且被证明能够成功地解释化学价这一基本事实以及关于分子的诸多细节，比如它们的结构、结合能、在不同温度下的稳定性等。我说的就是海特勒-伦敦理论，不过之前我已说过，在这里无法对它加以详细考察。

其稳定性取决于温度

现在只需考察分子在不同温度下的稳定性，它与我们的生物学问题关系最密切。假定我们的原子系统一开始处在其最低的能量状态，用物理学家的话说，它就是绝对零度下的一个分子。为了使它升高到下一个状态或级，需要提供一定的能量。最简单的供能方式就是“加热”这个分子。将它置于一个温度更高的环境中（“热浴”），那么其他的系统（原子或分子）就会撞击它。由于热运动是完全无规则的，所以并不存在一个清晰的温度阈值能够确保分子迅速地产生“提升”。事实上，在任何温度下（绝对零度除外）都有可能发生提升，只不过有的几率大有的几率小而已。当然，随着热浴温度的升高，几率会增加。表征这种几率的最佳方式是指出提升发生前需要等待的平均时间，即“期望时间”。

根据波拉尼和维格纳[①]的一项研究，“期望时间”主要取决于两种能量之间的比值，其中一个是实现提升所需的能量差（用 W 来表示），另一个则刻画了该温度下热运动的强度（用 T 来表示绝对温度，用 kT 表示特征能量）。[②] 有理由推断，实现提升的几率越小，期望时间就会越长，得到的提升本身与平均热能相比

---

① Zeitschrift für Physik, Chemie (A), Haber-Band (1928), p. 439.

② k 是一个数值已知的常量，称为玻尔兹曼常数；$3/2kT$ 是一个气体原子在温度 T 下的平均动能。

就会越大,也就是说 $W:kT$ 会越大。让人感到不可思议的是,$W:kT$ 发生相对来说很小的变化时,会引起期望时间极大的改变。举一个例子(按德尔布吕克的说法):当 W 为 kT 的 30 倍时,期望时间可能只有短短的 1/10 秒;当 W 为 kT 的 50 倍时,期望时间会延长至 16 个月;而当 W 为 kT 的 60 倍时,期望时间则长达 30000 年之久!

数学小插曲

如果读者感兴趣,我们也可以用数学语言来解释这种对能级变化或温度变化极为敏感的现象,并补充一些类似的物理学说明。该现象的原因在于,期望时间 t 是以指数函数的形式随着 W/kT 而变化的:

τ 是一个数量级为 10^{-13} 或 10^{-14} 秒的微小常量。上面这个特殊的指数函数并不是一个偶然的特征。它不断地出现在关于热的统计理论中,仿佛构成了其支柱。它衡量着系统中某一特定部分偶尔聚集起像 W 这么大能量的不可能性概率。当 W 是"平均能量"kT 的数倍时,这种不可能性概率就会极大地增加。

实际上,像 $W=30kT$(见前文引用的例子)的情况就已经极其少见了。不过这并不会导致极长的期待时间(在我们的例子中仅为 1/10 秒),因为因子 τ 很小。这个因子是有物理学意义的,它和系统中不断发生的振动的周期处于相同的数量级。大体而言,可以认为这个因子指的是积累起所需的 W 的机会。它尽管很小,却不断地出现在"每一次振动中",也就是说每秒会出现 10^{13} 或 10^{14} 次。

第一项修正

将上述说法作为分子稳定性理论进行介绍之时，就已默认了我们称之为“提升”的量子跃迁即使不会导致分子完全解体，至少也会使同一组原子产生一个本质上不同的构型，形成化学家所说的同分异构分子，即由相同原子以不同的排列方式构成的一个分子（应用到生物学上，就表示相同“位点”上一个不同的“等位基因”，而量子跃迁就代表一次突变）。

如果要这样解读，我们的说法中有两点必须进行修正。为了便于理解，我有意地进行了简化。我之前的说法可能会让人以为，只有当那组原子处于其最低的能量状态时才会形成所谓的分子，而更高一级的能量状态，已然是一个“其他的东西”了。其实并非如此。实际上，最低的那个能级后面还有一系列密集的能级，它们仅仅对应着我们之前提到的那些微小的原子振动而已，并不会使分子构型发生任何可观的改变。它们也是“量子化的”，只不过能级之间的跨度相对较小。因而在较低温度的“环境热浴”中，微粒的碰撞就可能足以产生振动。如果分子是一种广延结构，你可以将这些振动看作是高频声波，它们穿过分子而不会造成任何损害。

所以，第一项修正其实并不大：我们必须舍弃掉能级体系中“振动性的精细结构”。所谓“下一个较高能级”的概念，应当理解为对应着相关的构型改变的下一个能级。

第二项修正

第二项修正解释起来要困难得多，因为它涉及由不同能级组成的体系中某些至关重要却又极为复杂的特征。该体系中任意两个能级之间的自由转变,除了所需的能量供应之外,还可能会受到其他阻碍;事实上,从高能级转换到低能级甚至都有可能受阻。

我们先从经验事实开始谈起。化学家们已经知道,同样的一组原子能够以多种方式结合成一个分子。这些分子被称作是同分异构的(isomeric,“由相同的部分构成的”;希腊文:ἴσοζ=相同的,μέροζ=部分)。同分异构现象并不是什么例外情形,而是正常的情况。分子越大,具有的同分异构体就越多。图 11 是最简单的情形之一,展示了丙醇的两种同分异构体,它们都由 3 个碳原子(C)、8 个氢原子(H)和 1 个氧原子(O)[①]构成。其中氧原子可以插入任何一个氢原子和与之相连的碳原子之间,但是只有图示的两种情况是不同的物质。实际上它们确实不同,两者所有的物理常数和化学常数都有显著的差异。它们具有的能量也不同,代表着“不同的能级”。

但值得关注的事实是,这两个分子都极其稳定,似乎都表现为“最低的能量状态”。两种状态之间也没有任何自发的转变。

① 演讲时展示了相关的分子模型,其中 C、H、O 原子分别用黑色、白色和红色的母球表示。这里我就没有画了,因为它们和实际分子的相似度也不会比图 11 好多少。

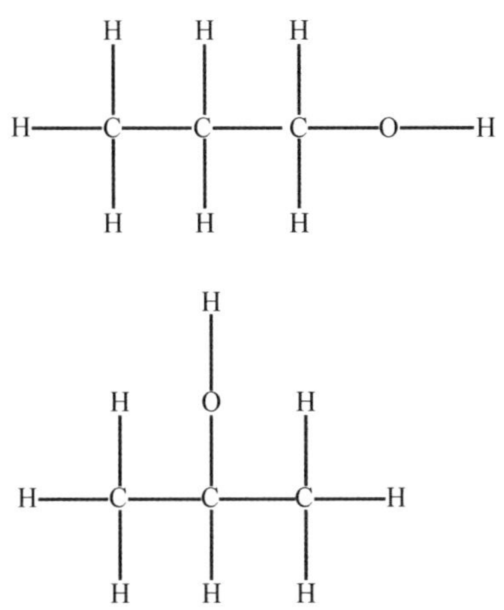

图 11 丙醇的两种同分异构体

原因在于,这两种构型并不相邻。从一种构型转变为另一种构型,必须经由中间构型,而后者的能量比前两者都要高。粗略地说,必须把氧原子从原来的位置剥离下来,然后把它插入另一个位置。除了经由那些能量高得多的构型之外,似乎并没有其他方式能做到这一点。这种情形有时候可以用图 12 来形象地表示。图中 1 和 2 分别代表两个同分异构体,3 代表它们之间的"阈";两个箭头均代表"提升",分别表示从状态 1 转变到状态 2,或者从状态 2 到状态 1 所需要的能量供应。

现在我们可以提出"第二项修正"了,即我们在生物学应用中唯一感兴趣的就是这种"同分异构的"转变。我们在第 56—57 页解释"稳定性"的时候,说的就是这样的转变。所谓的"量子跃迁",指的是从一种相对稳定的分子构型转变为另一种相对稳定的分子构型。发生转变所需的能量供给(它的量用 W 表示)并不是实际的能级差,而是从初始状态到阈值的差异(见图 12 中的箭头)。

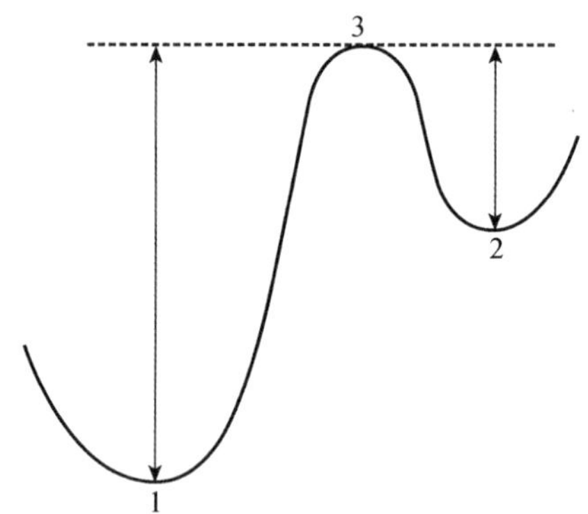

图 12 同分异构体能级 1 和 2 之间的能量阈 3
箭头代表发生转变所需的最低能量

初态和终态之间没有任何阈值的转变一点意义都没有。这不单单是对我们的生物学应用而言。实际上它们对于分子的化学稳定性也毫无作用。为什么呢?因为它们不会产生持久的影响,难以引起人们的注意。分子发生这些转变后,几乎立刻又回到了初始状态,因为没有什么东西会阻碍它们的回归。

第五章

对德尔布吕克模型的讨论和检验

· *Part Ⅴ Delbrück's Model Discussed and Tested* ·

诚然，正如光明显现着自身并昭示出黑暗，真理既评判着自身，也裁决出谬误。

——斯宾诺莎《伦理学》
第二部分，命题 43

建成于2000年的英国纽卡斯尔国际生命中心。这个DNA螺旋设计的目的是纪念DNA双螺旋结构的发现者沃森，而沃森正是受到《生命是什么》一书的影响

遗传物质的总体图景

根据上述事实,可以非常简单地回答我们的问题:这些由相对来说很少的原子组成的结构,能长期经受住它时刻都在面对的热运动的干扰吗?我们假定,一个基因的结构就是一个巨大的分子,它只能进行不连续的变化,即原子重新排列成一个同分异构的[①]分子。原子的重新排列可能只会影响到基因的一个小区域,而且可能存在很多种不同的排列方式。相比于一个原子的平均热能来说,能量阈值必须足够高,才能使这些转变成为稀有事件,从而使分子保持现在的构型并与其同分异构体区分开来。我们会发现,这些稀有事件就是自发突变。

本章的后续部分将通过与遗传学事实进行详细比较的方式,把这一关于基因和突变的总体图景(主要归功于德国物理学家德尔布吕克)付诸检验。在此之前,我们还是先对该理论的基础和一般性质作一些说明为宜。

该图景的独特性

为了解答这个生物学上的问题,是否绝对有必要去刨根问底,并且用量子力学去描述它呢?我敢说,一段基因就是一个分子的猜想,在今天已经是老生常谈了。很少有生物学家会反对这一点,不管他们是否熟悉量子力学。我们在第 53—54 页不揣冒昧地以一位前量子的物理学家的口吻,将它作为对已观察到的现象的唯一解释。后面有关同分异构现象、阈值能量的观点、

① 为方便起见,下面我将继续称之为同分异构的转变,尽管忽略它与环境之间发生交换的可能性显得很荒谬。

$W:kT$ 这一比值在决定同分异构式转变概率中的重要作用等——所有这些看法都可以在纯粹经验的基础上得到很好的理解,一点也不需要引入量子理论。那我为什么在明知这本小书没法讲清楚,而且还可能使许多读者感到无聊的情况下,还要如此强烈地坚持采用量子力学的观点呢?

量子力学是第一个从若干条第一原理出发,来解释自然界中实际出现的各类原子集合体的理论尝试。海特勒-伦敦键是该理论的一个独有的特征,它不是为了解释化学键而提出来的。相当有趣而又令人困惑地,它是出于自身的价值被提出来的,其背后的考量和我们的目的完全不同,但我们却必须接受它。它被证明与已观察到的化学事实精确吻合,而且像我所说的那样是一个独有的特征。对它的来龙去脉有了充分的了解后,就可以相当肯定地说,在量子理论未来的发展中"这种奇怪的事情不可能再发生了"。

于是,我们有把握断言,除了将遗传物质解释为分子之外,再也没有其他的选择了。在物理学上,对它的持久稳定性进行其他解释的可能性已经被排除了。如果连德尔布吕克的设想都失败的话,那么我们便可以放弃进一步的努力了。这是我想说的第一点。

一些传统的错误观念

但是,可能仍然有人会问:除了分子之外,难道就真的没有其他的由原子构成的、持久稳定的结构了吗?比如一枚金币,埋在墓穴中好几千年之后,不还是保留着印制在其上面的肖像图案么?金币的确是由数目庞大的原子构成,但在这个例子中,我们显然不会倾向于用大数目的统计学去解释这种纯粹是外形上的稳定。同样的说法也适用于那些嵌在岩石中的纯净晶体，它们必定经历了很多个地质时期却依然没有丝毫变化。

这就引出了我想详细说明的第二点。不论是分子、固体，还是晶体，其实都没有什么真正的不同。就目前的知识而言，它们本质上是一样的。不幸的是，学校教育一直在讲授某些传统的观点，它们早已过时多年，从而妨碍了人们对事物实际情况的认识。

的确，从学校里学到的关于分子的知识并没有告诉我们，比起液体或气体状态来，分子与固体状态要更加接近。相反，学校教导我们要仔细区分物理变化和化学变化：在像熔化或蒸发这样的物理变化中，分子并不会发生改变（比如乙醇，无论是固态、液态还是气态，都是由同样的分子即 C_2H_6O 组成），而化学变化则会，例如，乙醇燃烧时，1 个乙醇分子和 3 个氧气分子发生重新排列，形成 2 个二氧化碳分子和 3 个水分子。

$$C_2H_6O+3O_2=2CO_2+3H_2O$$

关于晶体，我们学到的是它们会形成三维的周期性晶格。有的晶格中仍能识别出单个分子的结构，比如乙醇和大多数有机化合物。其他的晶格则不能，例如岩盐（氯化钠，NaCl）的晶格中就无法界定出单个的氯化钠分子。因为每一个钠原子都规整地被六个氯原子包围，每一个氯原子也同样被六个钠原子包围，所以，到底将哪一对氯原子和钠原子视作一个分子（如果有这样的分子的话），在很大程度上是随意的。

最后，我们还学到，固体可能是晶体，也可能不是晶体。后者我们说它是非晶态的。

物质的不同“态”

现在，我还不能进一步说所有的这些说法和区分都是十分错误的。就实际应用而言,它们有时候还是很有用的。但是,就物质的真实结构而言,我们必须采用完全不同的方式进行界定。最基本的区分在于下面这两个“等式”分别代表的类别:

分子=固体=晶态的

气体=液体=非晶态的

有必要简要地解释一下这些说法。所谓的非晶态固体,要么不是真正的非晶态,要么就不是真正的固体。在X射线下,可以看到“非晶态”木炭纤维中的石墨晶体的基本结构。所以,木炭既是固体也是晶体。当在一种物质中找不到晶体结构的时候,我们就必须将其视为“黏度”(内摩擦)极高的液体。此类物质没有明确的熔化温度,也没有熔化潜热,所以并非真正的固体。它受热时会逐渐软化并最终成为液体,整个熔化过程没有不连续性。(我记得在第一次世界大战接近尾声时的维也纳,我们用一种类似沥青的东西作为咖啡的替代物。它非常坚硬,那小小的一块还必须用凿子或短柄小斧才能砸碎,裂边处很光滑,像贝壳。但是过了一段时间后,它就会表现出像液体,紧紧地黏在容器的底部,所以最好不要把它放在瓶子里搁上好几天。)

我们都熟知气态和液态的连续性。用逼近所谓的临界点的方法,可使任何气体液化,而且没有不连续性。在这里就不深入讨论了。

真正重要的区分

于是,除了将单个分子也视为固体或晶体这一要点之外,我们刚刚已经对上述框架中的所有内容进行了论证。

这样做的道理在于,将分子中各个原子(不管是多还是少)联结在一起的力和那些组成真正的固体或晶体的大量原子之间的力，性质是完全相同的。分子能表现出和晶体一样的结构稳固性。应该还记得，我们此前正是用这种稳固性来解释基因的持久性的。

物质结构方面真正重要的区分在于，将原子联结在一起的究竟是不是那些“起稳固作用的”海特勒-伦敦力。固体和单个分子中的原子都是以这样的力结合的。由单原子组成的气体（比如汞蒸气）则不是。而在由分子构成的气体中，只有分子内部的原子才是这样联结的。

非周期性固体

微小的分子可以被称作“固体的胚芽”。以这样一个小小的固体胚芽为起点，似乎可通过两种不同的方式来建立越来越大的集合体。第一种方式是相对无聊地向三维方向不断重复同样的结构。生长中的晶体遵循的正是这种方式。一旦形成周期性之后，集合体的规模就没有什么明确的上限了。另一种方式是不用枯燥的重复来建立越来越大的集合体。越来越复杂的有机分子就是如此，其中的每一个原子、每一个原子团都起着各自的作用，和其他分子中相应的原子或原子团所起的作用并不完全一样（在周期性结构中则完全一样）。我们或许可以恰如其分地称之为非周期性晶体或固体，于是，我们的假设就可以表达为：我们认为一个基因——或许整个染色体结构①，就是一个非周期性固体。

① 虽然它高度多变，但这并不是反对的理由，因为细铜丝也是这样的。

压缩在微型密码中的丰富内容

常常有人问,像受精卵的细胞核这么一点点物质,怎么能如此详尽地包含关于一个有机体未来发育的密码信息呢?在我们的认识范围内,唯一一个能够提供各种可能的(“同分异构的”)组合方式,而且大小还足以在一个狭小的空间范围内包含一个复杂的“决定性”系统的物质结构,似乎只有非常有序的原子集合体,它的抵抗力足以持久地维持这种秩序。其实,这种结构无须太多原子就能产生数目几乎是无限的可能构型。比如,摩尔斯电码中的点和划这两类不同的符号,如果用不超过 4 个的符号进行有序组合,就可以产生 30 组不同的电码。若是在点和划之外再加上第三类符号,且每个组合中的符号不超过 10 个,将得到 88572 个不同的“字母”。若有五类符号,且每个组合中不超过 25 个符号,那么这个数目将会是 372529029846191405。

也许有人会反驳说,这个比喻是有缺陷的,因为我们所说的摩尔斯电码可以有不同的组合(例如“·— —”和“··—”),因而将它们和同分异构体进行类比并不合适。为了弥补这个缺陷,我们从上述第三个例子中选出那些均由 25 个符号组成、所设想的五类符号中每一类均为 5 个(即 5 个点、5 个划等)的组合。粗略地算一算,你会发现这样的组合也起码有 62330000000000 种,为了省事,后边用零代表的具体数字我就没有计算了。

当然在实际情况中,对一组原子来说并不是“每一种”组合方式都存在相应的分子;此外,这也并不是说密码本中的密码就可以随意使用,因为密码本自身就是引起发育的作用因子。但另一方面,前例中所选取的数字(25)仍然是一个非常小的数目,而且只设想了线性排列这种简单的情形。我们只想说明，借助基因的分子图景，下列情形不再是不可想象的了：微小的密码竟然可以精确地对应高度复杂和专门化的发育进程并含有使之得以实现的方式。

与事实进行比较：稳定程度；突变的不连续性

最后，我们来把理论图景与生物学事实进行一番比较。第一个问题显然是，它能否真正解释我们观察到的高度的持久稳定性？所需能量阈值高达分子平均热能 kT 的许多倍，这是否合理？是否处在普通化学的知识范围之内？这个问题比较好办，不用去查看相应的图表就能给出肯定的回答。能被化学家在给定温度下分离出来的任何物质的分子，在该温度下肯定至少有数分钟的寿命(这还是比较保守的说法；它们的寿命通常要比这长得多)。因此，化学家所处理的阈值，和为了实际去解释生物学家可能碰到的持久稳定性程度所需要的能量强度，必定恰好处于同一个数量级；回想一下第 58 页的内容就知道，阈值大约在 1∶2 的范围内变动时，对应的分子寿命为几分之一秒到数万年。

不过，我还是提供一些具体数字吧，后面也用得上。第 58 页的例子中提到的那些 W/kT 值有：

$$\frac{W}{kT}=30,50,60$$

对应的寿命分别为：

1/10 秒，16 个月，30000 年

对应的室温下阈值分别为：

0.9 电子伏，1.5 电子伏，1.8 电子伏

我们要解释一下“电子伏”这个单位。它为物理学家提供了

许多便利,因为它可以想象。例如,上面的第三个数字(1.8)意味着一个电子在接近2伏的电压下进行加速之后,就会获得足够的能量通过碰撞而引起跃迁(作为比较,一个常规便携手电筒所使用的电池电压为3伏)。

上述思考使我们得以设想,由振动能的偶然波动引起分子的某一部分构型发生同分异构变化,实际上是一种极其罕见的事件,可以被解读为一次自发的突变。于是,我们便用量子力学的基本原理解释了关于突变的最为引人注目的事实,即突变是缺少中间形式的"跳跃式"变化,正是这一点最先使德·弗里斯注意到了突变。

经过自然选择的基因的稳定性

我们已经发现任何电离射线都能引起自然突变率的增加,有人可能会因此将自然界的突变归结为土壤和空气中的放射性活动和宇宙辐射。但是,与X射线的结果进行量化比较后会发现,"自然辐射"实在是太弱了,只能解释自然突变率中很小的一部分。

如果我们不得不用热运动的偶然波动来解释罕见的自然突变,就不必太惊讶于大自然已经成功地对阈值进行了微妙的调整,从而使突变恰好成为一种罕见的现象。因为我们在先前的讲述中已经得出结论,频繁的突变不利于进化。那些通过突变获得不够稳定的基因构型的个体,将几乎不可能见证他们那"极其激进"的、快速突变的后代能够长期存活。该物种将会抛弃这些个体,并通过自然选择积累稳定的基因。

突变体的稳定性有时较低

至于在繁育试验中出现的、被我们选定用来研究其后代的那些突变体，当然不能指望它们都会表现出很高的稳定性。它们可能由于突变率太高，还没有来得及经受“考验”就被抛弃了；或者虽然经受住了“考验”，但在野生繁殖中被“淘汰”了。无论如何，当我们得知这些突变体中的一部分实际上要比常规的“野生”基因表现出高得多的可突变性时，完全不必感到惊讶。

温度对不稳定基因的影响要小于对稳定基因的影响

这就使我们得以检验我们的可突变性公式：$t=\tau e^{W/kT}$（读者应该还记得，t 就是一个阈值能量为 W 的突变的期望时间）。我们会问：t 如何随温度而变化？从上面的公式中我们很容易得出，温度分别为 $T+10$ 和 T 时，两者 t 值之比的近似值：$\frac{t_{T+10}}{t_T}=e^{-10W/kT^2}$。由于这里的指数为负数，整个比值自然比1小。随着温度的升高，期望时间会缩短，可突变性增加。于是，就可以用（也已经有人用）果蝇在其可以承受的温度范围内进行检验。初看之下，结果令人意外。野生型基因原本较低的可突变性明显增加了，而此前就已出现过某些突变的基因，其原本较高的可突变性却没有增加，或者说增加的程度远远低于前者。其实，这恰恰是我们比较这两个式子时所预期的结果。根据第一个等式，较大的 t 值（稳定的基因）要求 W/kT 值也比较大，而 W/kT 值增加又会使得第二个等式左边计算出的比值减小，也就是说可突变性会随温度升高而大幅上升（实际比值似乎介于 1/2 到 1/5 之间。其倒数 2—5 就是我们在普通化学反应中所说的范特霍夫因子)。

X 射线如何诱发突变

现在来看看 X 射线诱发之下的突变率。我们之前就已经从繁育试验中得出：第一,(根据突变率与剂量之间的比例关系)突变是由某种单一事件引起的;第二,(根据定量结果,以及突变率取决于累积的电离密度而与波长无关这一事实)该单一事件必定是一种电离作用或类似的过程,它发生在边长仅约为 10 个原子距离的立方体的空间内,从而引发特定的突变。根据我们的理论图景,用于克服阈值的能量显然必定是由电离或激发这种爆炸式的过程引起的。之所以说爆炸式的,是因为我们已经清楚地知道一次电离所消耗的能量(顺便提一句,不是 X 射线本身,而是所产生的次级电子消耗的能量),相对分子热运动来说是极为巨大的 30 电子伏。它最终会转化为放电点周围极强的热运动,并且以"热波"即原子的高频振动的形式传播出去。这一热波在 10 个原子距离的平均作用范围内(尽管一位不带偏见的物理学家所预期的范围会更小一些)仍然足以提供所需的 1—2 电子伏的阈值能量,这并非不可思议。很多情况下这种爆炸的效果不是有序的同分异构式转变,而是染色体损伤。当恰巧出现一些交叉互换,从而使未受损伤的染色体(第二组染色体中与之配对的那条染色体)被等位基因所在的已呈病态的另一条染色体替换时,这种损伤就是致命的——所有这一切都是完全可以设想的,也正是我们已经观察到的事实。

其效率并不取决于自发突变性

还有好几个其他的特点即使不能从以上描述中得到预测，也可以据此得到很好的理解。例如，平均来说，一个不稳定的突变体在X射线下的突变率并不会比稳定的突变体高很多。既然一次爆炸就可以提供30电子伏的能量，我们显然不会认为所需阈值能量大一点或小一点，比如1电子伏或1.3电子伏，会有什么区别。

可逆突变

有时候我们会对构型改变的两个方向都进行研究，比如从某个“野生”基因到一个特定的突变体，又从那个突变体回到该野生基因。这些情况下，两者的自然突变率有时几乎一样，有时却大为不同。初看起来人们很容易感到困惑，因为这两个方向需要克服的阈值似乎是相同的。其实不必困惑，因为必须从初始构型的能级开始算起，而野生基因和突变基因在这一点上可能不同。（见第62页的图12，可以用“1”表示野生型等位基因，“2”表示突变型等位基因，后者较低的稳定性可以从它较短的箭头长度看出来。）

总体而言，我认为德尔布吕克的模型很好地经受住了检验，我们有充分的理由采用它展开进一步的思考。

第六章

有序、无序和熵

• *Part Ⅵ Order, Disorder and Entropy* •

身体不能决定心灵去思考，心灵也不能决定身体运动、静止或做其他任何事情。

——斯宾诺莎《伦理学》

第三部分，命题 2

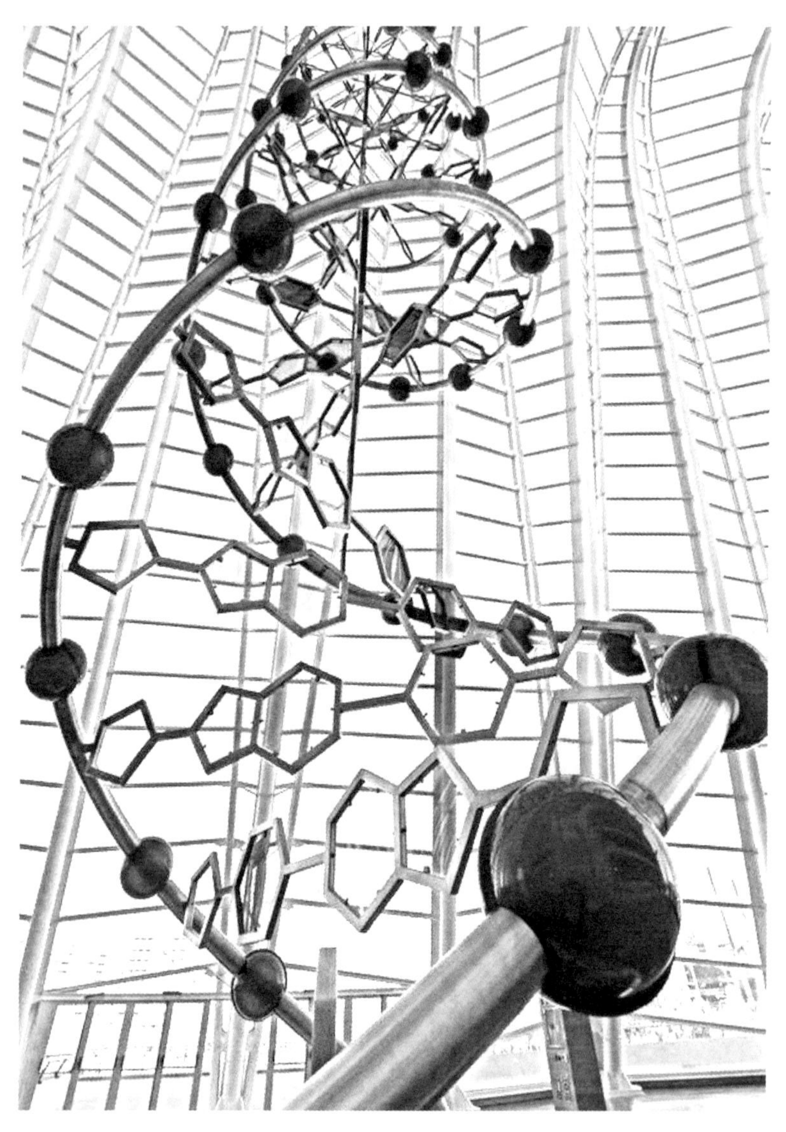

位于西班牙瓦伦西亚费利佩王子科学博物馆一楼的彩色琉璃 DNA，
该雕塑高 15 米，由钢和彩色琉璃构建而成

该模型中一个值得注意的一般性结论

让我们先回到第 71 页的一个说法。我在该处试图说明：基因的分子图景至少使我们有可能设想，微小的密码精确对应着高度复杂和专门化的发育计划，并包含着使之得以实现的某种方式。那么，它又是如何做到这一点的呢？我们如何把“可以设想的东西”转化为真正的认识呢？

德尔布吕克的分子模型尽管完全具有普遍性，但似乎并未提示遗传物质是如何起作用的。事实上，我并不指望物理学能够在近期内为这个问题提供详细的信息。在生理学和遗传学指导下的生物化学在这个问题上正在，而且我确信还将继续取得进展。

像此前那样对遗传物质的结构进行一般性描述，已经无法提供关于遗传机理的更为详细的信息了。这是显而易见的。但奇怪的是，由此却可以得出一个一般性的结论。坦白地说，这正是我写作本书的唯一动机。

从德尔布吕克关于遗传物质的一般图景中可以得出，生命物质不仅不排斥目前已确立的“物理定律”，很可能还涉及迄今未知的“其他物理定律”。不过，后者一旦被揭示出来，也会像前者一样成为这门学科不可或缺的一部分。

基于有序的有序

这是一个相当微妙的思路，可能会在许多方面引起误解。余下的所有篇幅都和澄清这一思路有关。从下列思考中可以获

得一个粗糙但也不完全错误的初步认识:

第一章已经解释过,我们已知的物理定律都是统计学定律。[①] 它们和事物朝着无序发展的自然倾向有很大的关系。

但是,为了使遗传物质的高度持久性与其极小的尺寸相调和,我们不得不"发明一种分子"来避免无序的倾向。事实上,它必须是一个大得不同寻常的分子——它是高度分化的有序性的杰作,并由量子理论的魔棒护卫着。关于几率的法则并没有因这一"发明"而失效,只是其结果被修正了。物理学家们很熟悉,许多经典的物理定律都得到了量子理论的修正,尤其是在低温情况下。这类例子有很多,生命似乎就是其中的一个尤为突出的例子。生命似乎是物质的有序而且有规律的行为,它不完全遵循从有序走向无序的倾向,而是同时部分地遵循着被维持下来的已有秩序。

对于而且仅对于物理学家来说,我希望如下表述能使我的观点更清楚一些:生命有机体似乎是一个宏观系统,它的行为部分地接近于纯粹的机械活动(与之相对的是热力学活动)——随着温度接近绝对零度,分子的无序性会消失,所有的系统都将倾向于这种机械活动。

非物理学家会觉得难以置信,他们视为精确性之典范的一般物理定律竟然是基于物质向无序发展的统计学倾向。我已经在第一章中举出了相关的实例,涉及的普遍原理是著名的热力学第二定律(熵原理)及其同样著名的统计学基础。我会在第81—87页简要讲述熵原理在生命有机体的宏观行为中所起的作用——现在请暂时忘记一切已知的与染色体和遗传等有关的知识。

① 以完全的普遍性来讨论"物理定律"或许很容易遭到挑战,这一点会在第七章中讨论。

生命物质避免向热力学平衡衰退

生命的标志性特征是什么？什么情况下可以说一块物质是活的？答案是它会持续“做着某种事情”，不停地在移动，在和环境进行物质交换等，而且这些活动的持续时间比那些处于类似情境下的无生命物质要长得多。如果一个系统没有生命力，那么将其隔绝出来或者放在一个均匀的环境中时，其所有运动通常都会因各种摩擦力的作用而很快消停下来；电势差和化学势差会消失，倾向于形成化合物的物质也是如此；温度会由于热传导而变得均匀一致。之后，整个系统便会衰退为一堆死气沉沉的物质，进入一种持久不变的状态，观察不到任何事情发生。物理学家们称这种状态为热力学平衡或“最大熵”。

实际上，这种状态通常很快就会达到。但从理论上来说，它还不是绝对的平衡，不是真正的最大熵。趋向平衡的那个最终过程是十分缓慢的，可能需要几小时、几年或者数个世纪。举一个平衡过程还算是相对较快的例子：如果把满满一杯清水和满满一杯糖水同时放在一个密闭的恒温箱内，那么一开始会显得什么也没有发生，并给人一种已经完全达到平衡状态的印象。但是，大概过了一天后，会发现清水由于其蒸气压较大而慢慢地蒸发，并凝聚在糖溶液中，以致糖溶液会从杯子中溢出来。只有当清水全部蒸发之后，糖分才能均匀地分布于箱内所有的液态水中。

千万不要错误地以为这类最终缓慢地趋向平衡的过程就是生命，对它们的讨论可以到此为止了。之所以提它们，是免得让人觉得我不够准确。

它以获得"负熵"为生

正是通过避免快速地衰退到死寂的"平衡"状态,有机体才能显得如此高深莫测,以至于自人类最早的思想出现以来,便有人宣称存在某种特殊的非物理性或超自然的力量(vis viva,活力,"隐德莱希")在操纵着有机体。如今,一些地方仍然流传着这类说法。

生命有机体是如何避免衰退的呢?回答显然是:通过吃、喝、呼吸和(对植物而言)同化。专业术语叫作新陈代谢。相应的希腊词汇(μετάβαλλειν)的意思是变化或交换。交换什么呢?它原本所隐含的意思无疑是指物质的交换。(比如,新陈代谢相应的德语词汇为 Stoffwechsel,直译是"物质交换"。)物质交换居然是最本质的事情,这很奇怪。同种元素的所有原子不都是一样的么,比如氮原子、氧原子和硫原子等,交换一下又有什么好处呢?过去相当长的一段时间里,我们被告知人类依靠摄入能量来生存,所以对这个问题早已失去好奇心。在某个非常先进的国家(我不记得是德国还是美国或者两者都是),餐馆的菜单上不仅有每一道菜的价格,还标明了其含有的能量。不必多说,这也一样是十分奇怪的。对于一个成年的有机体来说,能量含量和物质含量一样是固定不变的。因为任何一定量的卡路里和另外一定量的卡路里无疑是等值的,所以我们看不到纯粹的交换有什么意义。

那么,食物当中所含的、令我们免于死亡的那个珍贵的东西到底是什么呢?这很好回答。每一个过程、事件、发生着的事,随便怎么叫,总之就是在大自然中发生的一切,都意味着它所在的那部分世界的熵在增加。因而,一个生命有机体在不断地增加着它的熵——或者也可以说产生正熵——进而走向最大熵的危险状态，也就是死亡。它只能通过不断地从环境中获取负熵来避免这种状态并维持生存。我们马上就会看到，负熵其实是非常正面的东西。有机体赖以生存的东西就是负熵。或者换一种不那么矛盾的说法，新陈代谢在本质上就是有机体成功地去除所有因存活而不可避免地产生的熵。

什么是熵？

什么是熵？首先我要强调，它并不是什么含糊不清的概念或想法，而是一个可测量的物理量，就像一根棍子的长度、物体任意一点的温度、某种晶体的熔化热或某种物质的比热那样。绝对零度下（约－273℃），任何物质的熵都是零。当你通过缓慢、可逆的微小步骤使物质转变为其他状态时（即便物质因此而改变其物理或化学性质，或者分化为两个或更多具有不同理化性质的部分），它的熵就会以一定的量增加。熵增量可以这样计算：先把每一个步骤所需的那一小份热量除以提供热量时的绝对温度，再把这些结果全部加起来。举个例子，当你熔化一种固体时，它的熵增就是其熔化热除以熔点温度。由此可以看出，熵的单位是卡/摄氏度（cal./℃），就像卡是热量的单位、厘米是长度的单位一样。

熵的统计学意义

我刚才介绍熵这一术语的专业定义，只是为了褪去经常笼罩在它周围的模糊而神秘的色彩。这里对我们来说更为重要的是,熵与有序和无序这一统计学概念的关系,玻尔兹曼和吉布斯[①]已经在统计物理学中揭示了这种关系。这同样是一种精确的定量关系,表达式为:

$$熵=k\ \log D$$

公式里面的 k 就是所谓的玻尔兹曼常数($k=3.2983\times10^{-24}$ cal./℃),D 是有关物体的原子无序性的定量量度。要用简洁的非专业术语精确地解释 D 这个量几乎是不可能的。它所表示的无序性,部分是热运动的无序性,部分是随机混合而非截然分开的各类原子或分子的无序性,例如前文中的糖分子和水分子。玻尔兹曼的表达式可以由这个例子得到很好的说明。糖逐渐扩散到水占据的所有空间中,这样就增加了无序性 D,从而导致熵增(因为 D 的对数随着 D 的增加而增加)。同样非常清楚的是,提供任何热量都会增加热运动的混乱程度,也就是说,会增加 D,从而增加熵;看看晶体熔化的例子就会十分清楚:熔化会破坏晶体中原子或分子整齐、稳定的排列方式,使之变成不断改变的随机分布。

一个孤立的或者处于均匀环境中的系统会发生熵增(就目前的研究而言最好把这个环境作为我们考察的系统的一部分),而且早晚会达到最大熵的惰性状态。我们现在认识到,这个基础的物理定律就是,事物会自然地走向混乱状态,除非我们进行干预,使之远离这种状态。(图书馆的书籍或者写字台上那一摞摞纸张和手稿也会表现出同样的倾向。在这个类比中,不规则热运动对应着我们时不时地随手乱放这些物品,懒得把它们放到合适的地方。)

---

① 译注:吉布斯(Josiah Willard Gibbs,1839—1903),美国物理化学家、数学物理学家,化学热力学奠基人,提出了吉布斯自由能与吉布斯相律。

从环境中汲取“有序”而得以维持的组织

生命有机体借由推迟衰退到热力学平衡状态(死亡)的奇妙能力,用统计学理论的术语怎么表示呢?我们此前说过“它以获得‘负熵’为生”,它会向自身引入一连串的负熵,来抵偿由生命活动带来的熵增,从而使其自身维持在一个稳定而且相当低的熵值水平。

如果 D 度量的是无序性,它的倒数 $1/D$ 就可以用来直接度量有序性。由于 $1/D$ 的对数恰好是 D 的对数的负数,我们可以把玻尔兹曼方程写成这样:

$$-(\text{熵})=k\ \log(1/D)$$

于是,“负熵”这个糟糕的表达就可以用一个更好的说法代替:带负号的熵本身就是有序性的度量。从而,有机体用于使自身维持在一个相对高水平的有序状态(=相对低水平的熵)的策略,就在于不断地从环境中汲取“有序”。这样的结论就不会像它一开始提出来时那么矛盾,但可能会被批评为太通俗了。确实,我们对高等动物所赖以生存的那种有序性已经熟悉不过了,即被它们作为食物的、多少有些复杂的有机化合物中那种极其有序的物质状态。这些食物被动物利用完后,会以一种降解程度很高的形式排出——不过也不是完全降解的,因为植物还可以继续利用(当然,对植物来说,最主要的“负熵”来源还是阳光)。

第六章的注

关于负熵的说法受到了我的物理学家同事们的质疑和反

对。首先我想说,要是只想迎合他们,我早就转而讨论自由能了。在这个语境下,它是一个更为人所熟知的概念。但是,这个非常专业的术语在语言学上似乎和能量太过接近,使一般的读者难以发觉两者的区别。读者很可能会把自由当作一个多多少少不太相关的修饰词。而实际上这个概念相当复杂微妙,比起熵和“带负号的熵”(顺便说一句,这个概念并不是我发明的),它与玻尔兹曼有序–无序原则的关系更难把握。碰巧它恰恰是玻尔兹曼在最初的论证中提出来的。

但是F.西蒙非常中肯地指出,我那些简单的热力学论证并不能解释,为什么我们必须以“多少有些复杂的有机化合物中那种极其有序的”物质为食,而不能以木炭或者金刚石浆为食。他说得没错。但是我必须向非专业的读者解释一下,一块未经燃烧的煤或金刚石,连同燃烧时所需的氧气,在物理学家看来也处于一种极其有序的状态。证据就是:如果你使它们发生反应,即燃烧煤块,就会产生大量的热量。通过将热量发散到周围环境中,系统便消除了因反应而带来的大量熵增,并且达到熵值实际上和以前差不多的状态。

然而,我们并不能以反应产生的二氧化碳为生。所以,西蒙非常正确地向我指出:事实上,我们的食物中所含的能量确实很重要;因而我对菜单上标出能量含量的嘲讽并不恰当。我们不仅需要能量来提供体力活动所需的机械能量,也需要它补充身体不断散发到环境中的热量。我们散发热量并不是偶然的,而是必要的。因为我们正是以这种方式清除在生命过程中不断产生的多余的熵。

这似乎意味着,体温较高的恒温动物具有使它的熵更快发散的优势,从而能够承受强度更大的生命活动。我并不确定这个观点有多少道理(对此负责的是我本人,而非西蒙)。另一方面，人们可能会反驳说，许多恒温动物也用皮毛或者羽毛来保护自己免于热量的快速散失。所以，我所主张的体温与“生命强度”之间的对应，可能不得不用范特霍夫定律更为直接地去解释，正如我在第73页提到的：体温升高本身就会加速生命过程中的化学反应（用体温随环境变化而变化的物种进行的实验已经证明确实如此）。

第七章

生命是否基于物理定律?

• *Part Ⅶ Is Life Based on the Laws of Physics?* •

如果一个人从不自相矛盾，那一定是因为他实际上什么也不说。

——乌纳穆诺(引自交谈)

这块石头纪念碑矗立在新西兰物理学家和生物学家威尔金斯的家乡，
以纪念其在 DNA 研究上所做的贡献

有机体中可能存在新定律

简而言之，我想在最后一章中阐明的就是，根据所有已知的关于生命物质之结构的知识，我们极有可能会发现它的运作方式无法被还原为普通的物理定律。这并不在于是否存在某种“新的力”在支配着生命有机体中各个单原子的行为，而是因为它的结构与我们在物理学实验室中迄今为止使用过的所有实验材料都不同。打个粗略的比方，一个只熟悉热机的工程师在考察完电动机的构造之后，会发现自己并不了解它的工作原理。他会发现他所熟悉的用于制作水壶的铜，在这里成了绕成线圈的非常长的铜线；他熟悉的用作杠杆、栏杆以及汽缸的铁，在这里被用作填充铜线圈的内芯。他会确信，两种情形下的铁和铜都是一样的，都服从相同的自然定律（虽然也确实如此）。但构造上的不同足以让他预期一个完全不同的运作方式。他会不加怀疑地认为电动机肯定是由一个幽灵驱动的，因为没有锅炉和蒸汽的电动机居然可以在按下开关后转起来。

回顾生物学状况

有机体在生命周期中展开的事件呈现出了一种令人折服的规律性和有序性，这是任何我们业已见过的无生命物质都无法比拟的。我们发现它受到了极其有序的原子团的控制，而在每一个细胞中，这类原子团都只占原子总量很小的一部分。此外，根据业已形成的关于突变机制的认识可以得出，在生殖细胞内的“支配性原子”团中，只要少数几个原子发生错位，就足以导致有机体的宏观遗传性状发生明显的改变。

这些无疑是当今科学为我们揭示的最有趣的事实。我们最终可能会发现,它们并非完全无法接受。有机体有一种惊人的天赋:将“秩序之流”集中于自身,或者说从适宜的环境中“汲取有序性”,从而避免使它的原子衰退到混乱之中。此种天赋似乎和染色体分子这种“非周期性固体”的存在有关。凭借着每一个原子和原子团各自发挥的作用,染色体分子无疑代表了我们已知的有序程度最高的原子集合体——其有序程度比平凡的周期性晶体要高得多。

简言之,我们见证了现存秩序展现出的维持自身和进行有序活动的能力。这听起来似乎很有道理。但之所以如此,无疑是因为我们借鉴了关于社会组织和其他与有机体活动有关的经验。因而,这似乎有点像循环论证。

综述物理学状况

无论如何,我要反复强调的一点是,对物理学家来说,目前的情况尽管不尽合理却又十分振奋人心,因为它是前所未有的。与通常的看法相反,那些遵循物理定律的规则过程,并不是单一的有序的原子构型导致的结果——除非这种原子构型多次重复自身,要么像周期性晶体,要么像液体或气体那样有大量相同的分子。

甚至当化学家在离体地研究一个非常复杂的分子时,他面对的也总是很多相似的分子。化学定律是适用于这些分子的。例如,他可能告诉你,某一特定反应进行一分钟之后,会有一半的分子完成反应;再过一分钟后,总共会有四分之三的分子完成反应。但是,假定能够追踪任一特定分子的反应进程,化学家也不能预测某时刻它到底会不会起反应。这纯粹是一个偶然性的问题。

这并不是纯理论性的构想。不是说我们永远观察不到单个原子团的命运,或者再进一步,永远观察不到单个原子的命运。在某些场合下这也是可以做到的。但是只要我们这样做,就会发现它们完全都是无规则的,只有平均来看才会共同表现出规则性。我们在第一章中讨论了一个例子。悬浮在液体中的一颗微粒的布朗运动是完全无规则的。但是,如果有很多相似的微粒,它们就会从这种不规则的运动中表现出规则的扩散现象。

单个放射性原子的裂解是可观察的(它会发出放射物,在荧光屏上造成可见的闪烁)。但是就某一个放射性原子而言,它的可能寿命还不如一只健康的麻雀那么确定。事实上,关于放射性原子我们所知的也就是这样了:只要它还继续存活着(可能达数千年之久),那么它在下一秒钟发生裂解的几率不论是大还是小,都是一样的。单个放射性原子的进程显然是缺少定数的,但正因为如此,大量的同一种放射性原子才表现出精确的衰变规律。

显著的对比

在生物学中,我们面对的是完全不同的状况。一个仅仅存在于一份密码副本中的原子团,就能够按照非常精细的定律产生许多有序的事件,它们彼此之间以及与环境之间都能神奇地协调一致。之所以说“仅仅存在于一份密码副本中”,是因为我们毕竟举过卵和单细胞有机体的例子。在高等有机体的后期发育阶段中,密码副本确实是增加了。但是增加到了什么程度呢?

按我的理解,在成年哺乳动物中大约是 10^{14}。这是个什么概念?只是 1 立方英寸空气中分子总数的百万分之一而已。相对来说虽然也不少,但是聚集起来只能形成一滴很小的液体。再看看它们的实际分布,会发现每一个细胞中刚好只有一个密码副本(如果是二倍体,那就是两个密码副本)。既然我们已经知道这个小小的中央机关在单个细胞中的权力,那么,每个细胞难道不像是遍布全身、借助一套通用密码极其方便地相互沟通的地方政府工作站吗?

不过,如此绝妙的描述更像是出自一位诗人而非科学家之手。然而,无须诗意的想象,只需清晰冷静的科学考察就能认识到,我们在这里面对的显然是这样一些事件,它们规则而有序的展开是由一种完全不同于物理学"概率机制"的"机制"指导的。因为我们观察到的事实是:每一个细胞的指导原则都只来自一个(有时是两个)密码副本中的一个原子集合体,在它指导下展开的事件堪称是有序性的典范。一个非常小但极其有序的原子团能够以这种方式发挥作用,我们对此感到震惊也好、觉得非常合理也好,这种情形都是前所未见的,除了在生命物质中,在其他地方都还没有看到过。研究非生命物质的物理学家和化学家还从未见过必须这么解读的现象。这种情况既然未曾出现,我们的理论也就不会涵盖它——不过,我们精妙的统计学理论仍值得骄傲,因为它使我们得以一窥幕后,从原子和分子的无序中看到精确物理定律的美妙秩序;它还揭示出,无须任何特设性假说就可以理解那最为重要、最普遍和最全面的熵增定律,因为熵不是别的,正是分子的无序性本身。

产生有序性的两种方式

生命在展开过程中表现出来的有序性有一个不同的来源。就有序事件而言,似乎有两种不同的产生"机制":"统计学机制"产生的是"源于无序的有序",而另一个新机制产生的则是"基于有序的有序"。对一个没有偏见的人来说,第二种原理看起来要简单、合理得多。这毫无疑问。正因为如此,物理学家们才如此自豪地钻研前一种原理,即"源于无序的有序"。自然界实际上也遵循着这条原理,单单借助这条原理就可以解释相当一部分自然事件,首先便是这些事件的不可逆性。但我们不能指望从它推演出来的"物理定律"足以直接解释生命物质的行为,因为后者最为显著的特征在很大程度上显然是以"基于有序的有序"为基础的。不能指望两个完全不同的机制会产生同一类定律——正如不能指望你用自家的钥匙去打开邻居家的门一样。

因此,我们不必因为普通物理定律难以解释生命而感到气馁。因为根据我们已有的关于生命物质结构的知识,这种困难乃预料之中的事。我们必须准备去发现一种在生命物质中占支配地位的新物理定律——或者,如果不叫超物理定律的话,是不是应该叫作非物理定律呢?

新定律并不违背物理学

不,我不这么认为。所谓的新定律也是真正意义上的物理定律:我认为,它不过是再次回归到了量子理论的原理罢了。为解释这一点,我们必须用一些篇幅说一下先前提出的一个断言以及对它的一项改进(还说不上修正),那个断言是:所有的物理定律都是基于统计学的。

这个被反复提及的断言不可能不引发争议。因为确实有一些现象,其突出特征显然就是直接以“基于有序的有序”为基础的,看起来和统计学或分子的无序性没有任何关系。

太阳系的秩序及行星的运动已经维持了几乎是无限长的时间。此刻的星座和金字塔时代任一时刻的星座都是直接相关的;前者可以追溯到后者,反之亦然。人们发现,通过计算得出的在历史上应当出现的日月食和实际的历史记录十分接近,在某些情况下还被用来修正已被接受的年表。这些计算不涉及任何统计学,完全基于牛顿的万有引力定律。

一架质量不错的时钟或任何类似的机械装置的规则运动看起来和统计学也没有什么关系。简言之,所有纯粹机械的活动似乎都显然直接遵循“基于有序的有序”原理。不过,当我们说“机械”的时候,必须从广义上去理解它。我们知道,有一种很有用的时钟就是基于发电站传输的有规律的电脉冲制造的。

我记起马克斯·普朗克的一篇非常有趣的小文章,主题是“动力学类型和统计学类型的定律”。这种区分恰恰就是我们这里的“基于有序的有序”和“源于无序的有序”。那篇文章旨在表明统计学类型的定律是如何由动力学类型的定律构成的,前者控制的是宏观事件,而后者则被认为控制着微观事件,比如单个原子和分子之间的相互作用。行星或时钟的运动等宏观机械现象说明的是后一类型的定律。

于是,被我们郑重其事地作为理解生命的真正线索的“新”定律,即“基于有序的有序”定律,对物理学来说一点也不新。普朗克甚至还表现出要证明其优先权的态度。我们似乎得出了一个荒谬的结论:理解生命的线索在于,生命乃基于纯粹的机械论，就像普朗克文章中说的那种“时钟式运转”。在我看来，这个结论并不荒谬，而且也不完全是错误的，但必须“非常保留地”接受。

时钟的运动

让我们来准确地分析一下时钟的实际运动。它根本就不是纯粹机械的现象。纯粹机械的时钟并不需要发条，也不需要上紧发条。它一旦开始运动，就会一直运动下去。而实际的时钟如果没有发条，在其钟摆摆动几次之后就会停下来，因为它的机械能转变成了热能。这是一个无限复杂的原子过程。根据物理学家们对此现象的一般认识，将不得不承认逆向的过程并非完全不可能：一台没有发条的时钟有可能通过消耗自身齿轮及环境中的热能而忽然开始运动起来。物理学家们必定会解释说：这台时钟经历了一波极其强烈的布朗运动猝发。我们在第一章(第 16 页)中已经看到，对一个非常灵敏的扭称(静电计或电流计)来说，这种事情一直在发生。当然，这对一台时钟而言永远都不可能。

时钟的规则运动到底应当被归为动力学类型还是统计学类型(按普朗克的说法)取决于我们的态度。说它是一种动力学现象时，我们的关注点在于它的规则运转用一根比较松的发条就能驱动，热运动在此过程中带来的微小干扰得到克服，所以我们可以忽略不计。但是如果我们还记得，没有了发条，时钟便会由于摩擦力而逐渐地停下来，那么我们将发现，这个过程只能被理解为一种统计学现象。

摩擦力或热运动对时钟的影响在现实中无论多么微不足道，并未忽视它们的第二种态度无疑是更为基本的态度，即使我们面对的是由发条驱动的时钟的规则运动时也如此。绝不能认为这种动力机制能够真正去除该过程的统计学性质。在真实的物理学图景中,即便是一台规则运转的时钟也有可能凭借环境中的热量突然逆转原来的运动,时针向后走,松开自己的发条。不过,这种情况与一台没有驱动装置的时钟发生“布朗运动猝发”相比,“可能性还是要小一点的”。

钟表装置仍旧是统计学的

现在我们来作一些评论。我们所分析的“简单”情形事实上代表了很多其他情况,也就是所有那些看起来不符合无所不包的分子统计学原则的情况。用实际的(与“想象的”相对)物质制作的钟表装置,并不是真正的“钟表装置”。尽管偶然性的元素也许多多少少能得到消减,时钟突然整个地走错的可能性也微乎其微,但是它们始终存在于背景中。甚至在天体的运动中也存在着摩擦力和热的不可逆影响。因此,地球的旋转会由于潮汐的摩擦而逐渐减慢,月球也会随之逐渐远离它;但地球如果是一个完全刚性的旋转球体,就不会发生这种情况。

然而,“物理钟表装置”依然明显表现出“基于有序的有序”的特征——物理学家在有机体中发现这类特征时感到振奋不已。两者似乎很可能有一些共同之处。不过,到底是什么共同点,以及它们存在着怎样的显著差异使得有机体的情况如此新奇和前所未见,仍然有待认识。

能斯特定律

一个物理系统——任何一种原子集合体——在什么情况下

会表现出“动力学定律”（普朗克的说法）或“钟表装置的特征”呢？量子理论对此问题有一个非常简短的回答：绝对零度的时候。随着分子的温度达到绝对零度，其无序性便不再对任何物理过程产生影响。顺便说一句，这个事实不是从理论中发现的，而是通过在较大范围的不同温度下对化学反应进行仔细研究之后，将结果推演到绝对零度时得出来的，因为绝对零度在实际中是达不到的。这就是瓦尔特·能斯特[①]著名的“热定理”，有时候也被不恰当地誉为“热力学第三定律”（第一定律为能量原理，第二定律为熵原理）。

量子理论为能斯特的经验定律提供了理性基础，还使我们得以估算一个系统要在多大程度上接近绝对零度才会大致表现出“动力学的”行为。在任何一种具体的情形下，什么温度实际上和绝对零度相当呢？

切勿以为这肯定会是一个非常低的温度。即便在室温下，熵在许多化学反应中所起的作用也出人意料地微乎其微，能斯特的发现就是从这一事实中推导出来的（回顾一下，熵即无序性的对数，是对分子无序性的直接度量）。

摆钟实质上处于零度

那么摆钟的情况如何呢？对它来说，室温实际上就相当于绝对零度。这也是为什么它可以“动力学地”运转的原因。如果把它的温度降下来，那它就会一如既往地不断工作下去。（当然，前提是所有的润滑油都已经被去除了！）但是如果把它加热到高于室温，它就不会继续运转了，因为它最终会熔化。

① 译注：瓦尔特·能斯特（Walther Nernst，1864—1941），德国化学家，提出热力学第三定律和能斯特方程。

钟表与有机体的关系

上面的分析似乎十分琐碎,但我认为它确实说到点子上了。钟表装置之所以能够“动力学地”运转,是因为它们是用固体制造的,以伦敦-海特勒力保持着形状,足以避免常温下热运动的无序倾向。

现在我觉得还需要多说几句,以指出钟表装置和有机体的相似之处。那就是后者同样依赖于一种固体——形成遗传物质的非周期性晶体,它基本上不受热运动无序性的影响。但是,请不要指责我把染色体纤丝当作“有机体机器的齿轮”——至少不能在撇开这一比喻的深刻的物理学理论基础的情况下来指责我。

其实,确实不需要那么多的修辞来回顾两者的根本差异,并说明为何能用“新奇”和“前所未有”这两个词来描述生物学的情形。

最显著的特征在于:首先,多细胞有机体中的齿轮分布十分奇特,我在第 94 页已对此作了有点诗意的描述;其次,这里面的每一个齿轮都不是人类的粗糙作品,而是按照上帝的量子力学路线完成的最为精致的杰作。

后　记

论决定论与自由意志

• *Epilogue: On Determinism and Free Will* •

在我看来，伦理上的价值判断在生物学上发挥的作用似乎是：它是人类转向社会性动物的第一步。

——薛定谔

俄罗斯科学院西伯利亚分院细胞学和遗传学研究所为纪念生物学研究的无名英雄——实验鼠，建立了一个纪念碑，这只鼠科学家正在编织一个 DNA 链

鉴于我已经认认真真、不辞辛劳地从纯科学的角度平心静气地详细阐述了我们的问题，作为对这种努力的回报，请允许我对这个问题的哲学意义补充一些个人看法——当然，都是主观的看法。

根据前文提出的证据，生物体内与其心灵活动、自我意识或其他活动相对应的时空事件，（考虑到它们复杂的结构和物理化学上已知的统计学解释）即使不是严格决定论的，至少在统计学上也是决定论的。我想向物理学家强调，和某些人所持的看法相反，我认为量子不确定性在这些事件中起不了任何生物学作用，也许除了给像减数分裂、自然突变和 X 射线诱导的突变这类事件增加一些纯粹的偶然性之外——这在任何情况下都是显而易见且得到公认的。

为了便于论证，我们先把它当作一个事实。我相信，如果没有那种人所共知的、对“宣称自己是纯粹的机械装置”的不悦感，任何一个不带偏见的生物学家都会这么看。因为它注定与通过直接内省所获得的自由意志相矛盾。

但直接经验本身，不管如何多样和不同，都不可能在逻辑上自相矛盾。所以让我们来看看能否从下面两个前提出发，得出正确的、不自相矛盾的结论：

(i) 我的身体作为一个纯粹的机械装置，按照自然定律运行。

(ii) 但是，从无可辩驳的直接经验可以知道，我掌控着它的运动，并能预见运动的结果。这些结果可能是决定性的和极其重要的，在这种情况下我感到自己要为之承担全部的责任。

我认为，从这两条事实中得出的唯一可能的推论是，我——最广泛意义上的“我”，即任何一个曾经说过“我”或感受过“我”的、具有意识的心灵——是一个按照自然定律来控制“原子的运动"的人,如果有这么一个"人"的话。

在一个文化圈(德语为 Kulturkreis)内,有些概念(在其他族群中它们曾经具有或者仍然具有更广阔的含义)的意义已被限定和专门化,因而用所要求的简单词句来表达这个结论是鲁莽的。用基督教的术语来说,就是"因此我就是全能的上帝",这话听起来既有失虔敬也显得愚蠢。不过,请暂时忽略这些含义,思考一下上面的推论是不是生物学家所能获得的、最接近一举证明上帝存在和灵魂不朽的论证。

这个见解本身并不新颖。据我所知,最早的记录可以追溯到大约 2500 年前或更久以前。早期伟大的《奥义书》[1]中就已写道:阿特曼=梵(ATHMAN=BRAHMAN,即个体的自我等同于无处不在、无所不包的永恒自我)。这种认识在印度思想中完全不是什么亵渎神灵,而是代表了对世间万事万物最深刻的洞见之精髓。所有的吠檀多派[2]学者在学会了如何诵读这句话之后,都努力将这一最伟大的思想融入自己的心灵之中。

还有,许多世纪以来,神秘主义者们相互独立却又极其一致地(有点像理想气体中的微粒)描述了自己生活中的某种独特体验,概括成一句话就是"我已成神"(DEUS FACTUS SUM)。

对西方的意识形态来说,这种想法仍然很陌生,尽管叔本华及其他一些人也持这种看法,尽管真正的情侣彼此凝视时,就已然意识到他们的思想和喜悦在数量上就是一——不只是相似或

---

① 译注:《奥义书》是印度古代哲学典籍,是用散文或韵文阐发印度教最古老的吠陀文献的思辨著作,它记载了印度教历代导师和圣人的观点,是《吠陀经》的最后一部分。

② 译注:吠檀多是古印度六派哲学中影响最大的一派。"吠檀多"意为《吠陀经》之终极,原指《吠陀经》末尾所说的《奥义书》,其后逐渐被广义地解释为研究祖述《奥义书》教理的典籍。《梵经》时代的吠檀多理论被称为"不一不异论",此后形成了不同的派别。

相同而已；但是，他们通常情感过于充盈而做不到沉下心来清晰地思考，在这方面他们确实很像是神秘主义者。

请允许我再作一些评论。意识从来就不是被多重地而是被单一地体验到的。即便在意识分裂或双重人格的病理情况下，两个"人"也是轮流登场，他们从不会同时出现。在梦里面，我们的确有可能同时扮演好几个角色，但并不是毫无差别地扮演：我们总是其中之一；在该角色中我们直接行动和言语，同时常常热切地等待着另一个人的回答或回应，却没有意识到事实上正是我们自己在控制着那个人的行为和语言，就像我们自己控制自己一样。

"多元性"的观念（《奥义书》的作者们尤其反对这一观念）到底是怎么产生的呢？意识认识到自身和一个有限区域内的物质即身体的物理状态有着密切的关联，并依赖于它（想想心灵在诸如青春、成年、衰老等身体发育时期的变化，或者想一想发烧、中毒、昏迷、大脑创伤等带来的影响）。既然存在着很多相似的身体，那么意识或心灵的多元化似乎也就是一个水到渠成的设想。或许所有简单朴实的人们以及绝大多数的西方哲学家们，都接受了这样的看法。

这几乎立刻就引出了灵魂的发明：有多少个身体就会有多少个灵魂。它也引出了灵魂到底是像身体一样会终有一死，还是会长生不死并可以独自存在的问题。前者枯燥无味，而后者则干脆忘记、忽略或者说否认了多重性假说所依赖的事实。人们还提出了比这糊涂得多的问题：动物也有灵魂吗？甚至还有人问：女性是不是有灵魂，或者是不是只有男性才有灵魂？

这样一些推论尽管只是试探性的，却必定会使我们怀疑所有正统的西方信条都共有的多重性假设。如果放弃这些信条中严重的迷信只保留其关于灵魂多重性的朴素想法，但又通过宣称灵魂也会消亡、会随着相应的身体湮灭而去“修正”它,难道不会使我们走向更大的谬误吗?

唯一可能的答案就是坚持我们的直接经验,即意识是单一的,其多重性并不可知;只存在一种东西,那些看起来有许多种的东西不过是那一种东西的一系列不同方面,是由幻(梵文MAJA)产生的;在一个有许多面镜子的回廊中也会有这样的幻象。同样的道理,高里三喀峰(Gaurisankar)和珠穆朗玛峰其实只是在不同的山谷中看到的同一座山峰而已。

当然,我们的头脑中有一些情节丰富的无稽之谈已经根深蒂固,妨碍我们去接受这一简单的看法。例如,据说我的窗户外面有一棵树,但其实我无法真正看见它。通过某一机敏的装置,真正的树会将它自身的意象投射到我的意识之中,这就是我所感知到的东西。不过,对于这一装置我们还只是探索了它最初级的几个相对简单的步骤而已。如果你站在我旁边看着那棵同样的树,它也会将自身的一个意象投射到你的灵魂中。我看到的是我的树,你看到的是你的树(和我的极为相似),而那棵树本身是什么我们并不知道。这一夸张的说法是康德提出的。在那些认为意识只有单个的观点中,有一种说法很容易取代它,即只存在着一棵树,所谓意象什么的统统都是无稽之谈而已。

不过我们每一个人都无可争议地感受到,我们自己的经验和记忆的总和构成了一个与其他任何人都不一样的统一体。它被称为“我”。可是,这个“我”又是什么呢?

我想,如果你进一步分析就会发现,它只不过是比单个资料的集合(经验和记忆)略多一些而已,它就是一张用于聚集这些资料的画布。认真内省之后,你会发现,你所说的“我”真正指的其实是收集资料的基质。如果你来到一个遥远的国度,原来的朋友一个也见不到,慢慢地把他们全都忘了;你会结识新的朋友，像和老朋友一样与他们亲密地分享生活。你在过着新生活的同时，仍然会想起原来的生活，但它已经越来越不重要了。"年轻时的那个我"，你可能会用第三人称说起他。确实，你正在阅读的小说中的主人公也许离你的内心更近，对你来说显然要比"年轻时的那个我"更为生动和熟悉。然而，现在的你和过去的你之间未曾有过中断，也没有死亡。即使一位催眠高手成功地把你对早期往事的所有记忆完全清除掉，你也不会觉得他已经杀死了你。在任何情况下都不会有个人存在的失去供我们凭吊。

将来也永远不会有。

关于后记的注

这里采用的观点与奥尔德斯·赫胥黎最近——而且极合时宜地——出版的《长青哲学》(*The Perennial Philosophy*, London, Chatto and Windus, 1946)有异曲同工之处。他这本精彩的作品非常恰当地说明了这一事态，并解释了它为何如此难以把握而且容易招致反对。

附　录

我的世界观

• Appendix　My View of the World •

意识与有机体的学习活动密切相关；有机体已经习得的能力是不被意识到的。

——薛定谔

薛定谔像

前 言

· *Foreword* ·

精神在最高处的激情翱翔，
将借由图片和形象来实现。

——歌德

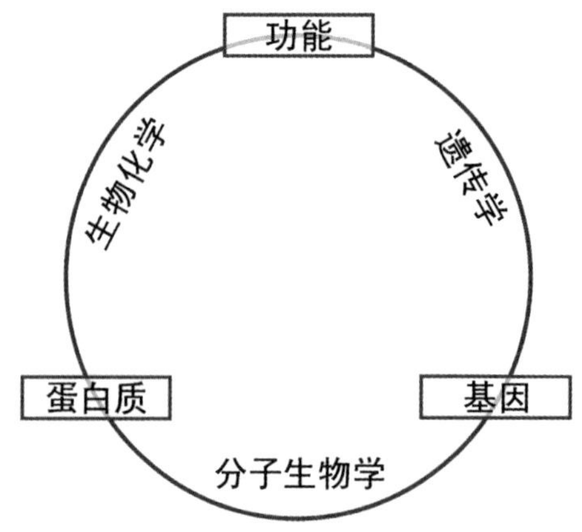

有些科学史家毫不吝惜溢美之词，给薛定谔冠以“分子生物学先驱”的名号。上图为生物化学、遗传学和分子生物学关系简图

此处首次出版的两篇文章，写作时间前后相隔 35 年。较长的第一篇文章是在我继任马克斯·普朗克在德国的职位不久前写的，几个月之后我便把主要精力投入现在称之为波动力学的观点的确立中去了；较短的第二篇文章可以追溯到我在维也纳大学担任荣誉教授的两年之后。这两篇文章的主题关系密切，而且，当然也与我在写作间隔期间公开表明过的许多观点有一定关联。

如果说读者们会对“我的”世界观感兴趣，我不知道是不是过于放肆了。评论家们——而不是我自己，对此自然会有定论。不过，做作的谦虚姿态事实上通常是傲慢的一种伪装。我是不必为此而自责的。不管怎样，全文总共也就 28000 到 29000 单词（我数过），这对于一个世界观来说倒也不算太长。

有一个责难倒是我不应该回避的。文章中没有一处提到非因果性、波动力学、不确定性关系、宇宙膨胀、恒稳态宇宙理论等。有人会问，他为什么不谈一谈自己专长的内容，而要去染指专业哲学家的领域呢？毕竟隔行如隔山嘛。在这一点上我倒可以欣然释怀：因为我并不认为在这些论题与哲学化的世界观之间，有着像我们目前所想象的那么多的联系。我认为在本书中，我和马克斯·普朗克、恩斯特·卡西尔[①]在某些关键问题上有着完全一致的看法。1918 年，也就是我 31 岁的时候，我非常有望在琴斯托霍瓦[②]获得理论物理学的教职（接替盖特勒）。当时，我已经准备以我所爱戴的老师弗里茨·哈泽内尔[③]（不幸的是他于第一次世界大战中丧生）所做的非凡的讲学作为最高榜样，

---

① 译注：恩斯特·卡西尔（Ernst Cassirer，1874—1945），德国新康德主义哲学家，以其符号形式的哲学著称。

② 译注：Czernowitz，现波兰中南部城市。

③ 译注：弗里茨·哈泽内尔（Fritz Hasenöhrl，1874—1915），奥地利物理学家。

好好地讲授理论物理学;此外的时间,我便打算全心全意地投身于哲学,沉浸在与斯宾诺莎、叔本华、马赫[①]、理查德·西蒙[②]和理查德·阿芬那留斯[③]的著作相处的美好时光中。不过,我的守护天使却插了一脚:琴斯托霍瓦不久后便被德军占领,不再属于奥地利了。所以这些计划都没能实现。我不得不专攻理论物理,而且,出乎意料地,我竟能从中有所偶得。因此,这本小书真真切切算是实现了我的一个夙愿。

埃尔温·薛定谔

于阿尔卑巴赫

1960 年 7 月

出版说明

本书在出版过程中承蒙 O. R. Frisch 教授的大力协助,剑桥大学出版社的理事们谨此致谢。

---

① 译注:恩斯特·马赫(Ernst Mach,1838—1916),奥地利物理学家、心理学家和哲学家。

② 译注:理查德·西蒙(Richard Wolfgang Semon,1859—1918),德国生物学家、动物解剖学家与人种学家。

③ 译注:理查德·阿芬那留斯(Richard Avenarius,1843—1896),德国哲学家、批判经验主义创始人之一。

第一章

道路求索

• *Part* Ⅰ *Seek for the Road* •

谜团重重迭生之处，

恰是真理明晰之所。

——弗朗茨·格里尔帕策[①]

1925 年·秋

① 译注：弗朗茨·格里尔帕策(Franz Grillparzer，1791—1872)，奥地利作家，又译“格里帕泽”。

薛定谔终生与一只猫脱不开关系——“薛定谔的猫”

一般形而上学

相对来说,像康德那样将形而上学全盘清理出去是比较容易的。轻轻地吐一口气就足以将其吹走。然而,与其说需要一对强劲的肺来吹出这口气,不如说需要一份强大的勇气,才能使这口气吹向那长期以来就十分脆弱的纸牌屋。

但是,你可不要认为这样做就真正地把形而上学从人类知识的实证内容中消除干净了。事实上,如果我们真将一切形而上学都去除掉,就会发现随便举出一门科学,要想为其中哪怕是界限最为明确的一个领域或论题给出一个清晰易懂的解释,都将变得更加困难,甚至是不可能的。形而上学意味着对一种超乎物质的(即超验的)意义不加质疑地接受,这种意义可以存在于用木浆制成的、印着黑色字符的一本本薄薄的册页中,正如你面前的这本书——当然,形而上学也还含有其他的内容,这只是一个粗略的例子。

或许我们可以从一个更深的层次来理解:想一想被那种让人惴惴不安、令人窒息的空虚感冷冰冰地抓住的感觉吧,我想每个人初次读到基尔霍夫[①]和马赫所描绘的物理学(或一般科学)的任务,即"用最简洁的思想对事实进行最完备的描述"的时候,都会有这样的感觉;这是一种无法把握的空虚感,尽管我们坚决而热切地同意,从理论上来说这种要求无可厚非。但实际的情况是(且让我们坦率而真诚地检视一下自己吧),眼前仅有这一个目标将不足以使我们在任何领域取得进展。真正地消除形而

① 译注:古斯塔夫·基尔霍夫(Gustav Kirchhoff,1824—1887),德国物理学家。

上学意味着把艺术与科学的灵魂都抽离掉，将其变为再无任何生机的骷髅。

不过，纯理论的形而上学已经销声匿迹了。没有人对康德的判决提出上诉。后康德时期——或许一直到我们今天——的哲学已经向我们展示了它因形而上学长期干涸而极为痛苦，并在折磨中不断挣扎的情形。

作为一名科学家，一方面要步步为营地建立屏障来限制形而上学对我们各自领域中可以视为是确凿事实的表述造成影响，而另一方面又要保留作为我们的一般知识和专业知识中不可或缺之基础的形而上学，这对于我们这些后康德主义者来说简直是不同寻常的困难。其中的矛盾显而易见，这也正是我们的大难题。我们或许可以借用一幅图像来打个比方：在知识的道路上前行时，我们不得不接受形而上学伸出的无形之手来引导自己走出迷雾，但又必须时刻保持警惕以防止它温柔的引诱使我们从正道滑向深渊。或者换一种方式来说：在推进知识的各种主导力量中，形而上学是先驱，它在一片未知的且不友好的领域上建立起前沿哨所；没有这些前沿哨所我们将无法前进，但我们都知道它们正暴露在极端的危险之下。重申一下，形而上学并不构成科学知识大厦的一部分，但它却是脚手架，没有它就无法继续开展建造工作。也许我们甚至可以这么说：形而上学在其发展过程中转变成了物理学——不过这当然不适用于康德之前的情形。这一点从来不是通过逐步建立和健全那些起初并不明确的各种看法达成的，而始终是通过对特定的哲学观点加以澄清和修改实现的。

当我们离开纯粹科学知识领域，将文化当作一个包括伦理问题的整体来考虑的时候，如何接受形而上学已死的宣判依旧是摆在我们面前的一个更为严肃和困难的问题。当然，没有人比康德本人对此更加清楚,他因此写出了第二个理性批判[1]。

在过去几百年的历程中,西方世界在一个特定方向上已经取得了相当巨大的发展,那就是对自然界的时空事件背后的奥秘的透彻认识(物理和化学),并且在此基础上建立了数不胜数的各种广义上的"机械"(技术),用于扩大人类意志的影响范围。有人认为这(尤其是后半部分,即技术)是这段时期内发生在欧洲的最有意义的事情。我想明确地表示,对此我非常不赞同。我认为,就其最明亮的光芒和最深重的阴影而言,这个乐于自称为技术时代的时期很有可能会在晚些时候被称为革命性观念时代,也会被称为艺术堕落时代。不过这只是顺便说说而已;我现在所关心的是,当前正在发挥作用的那股最强大的力量到底是什么。

这种局部的"象皮肿"意味着,文化和科学知识的其他发展路径在西方思想(不论我们把它称作什么)中被忽略了,以至于任其比以往衰退得更加严重。这看起来好像就是人体的某个器官疯狂地增生,直接造成了其他器官的损伤和瘫痪。在经受了教会数个世纪以来施加的屈辱奴役之后,自然科学终于站立起来并意识到自己的神圣权利和崇高使命,怀着愤怒和憎恨向那古老的施暴者发起猛攻;她全然不顾自己仍然是先祖们神圣遗产的义不容辞的和唯一的守护者,没有尽到足够的责任甚至完全抛弃了自己的责任。渐渐地,几乎是无人察觉地,由伟大的拉比在约旦河边重新点亮的古印度的智慧火花熄灭了;重生的希腊智慧阳光催熟了我们现在正在享用的果实,但也同样地黯淡了下来。现在的人们对这些事情已经一无所知。在他们中的大多数人看来,没有什么事情是值得坚守的,也没有什么人物是值

[1] 译注:康德于1781—1790年间发表了著名的"三大批判",分别为《纯粹理性批判》《实践理性批判》和《判断力批判》三部著作。此处应指《实践理性批判》。

得追随的。他们既不信奉上帝,也不相信其他诸神;对他们来说,现在的教会只是一个政治党派而已,而道德如今也只不过是毫无意义的繁重束缚,早就失去了它长久倚仗却不再有人相信的唬人震慑,已然根基不存。一种总体上的返祖现象已经开始出现;西方人正处于倒退到早先发展水平的危险中,倒退到一种他们从未合理超越的发展水平:粗鲁而且毫无约束的自我主义正阴笑着抬起头来,并从原始习性中汲取着一种难以抗拒的力量,将拳头挥向我们人类之船上那位被罢黜了的舵手。

不容乐观的负债表

如果把过去1500年间西方思想在理论上和实践上的最终成果清查一番,就会发现清查的结果并不那么鼓舞人心。西方智慧做出的最终结论,即必须一劳永逸地清除所有的超验性,并不真正地适用于知识领域(尽管这个结论实际上就是针对这个领域的),因为我们在这个领域里不能没有形而上学的引导:当我们自以为用不着它的时候,实际上更可能发生的情形是那些陈旧而巨大的形而上学错误只不过是被一些更加幼稚和琐细的形而上学错误所取代了而已。另一方面,在生活领域中,有文化的中产阶级已经开始发起一项现实的形而上学自由解放运动,想必就连那些倡导这种自由的高尚的人们——我指的主要是康德和启蒙运动的哲学家们——看到了也会感到战栗。正如我们常常看到的,我们当前的状况和古代世界的最后阶段骇人地相似。这种相似性并非仅仅在于宗教和道德的缺乏,而恰好是这一点:这两个时代的人们均认为自己在实用知识领域内确立了一个牢固而安全的基础,而且在当时看来似乎至少在总体形式和基本原则方面可以免于观念的动荡。之前是亚里士多德哲学，现在则是现代科学。如果这一相似性切合实际的话，那么对于当下的境况来说，这是一个不好的征兆！难怪我们缺乏勇气去接受这样一份债务累累的遗产，去追求一种显然会使我们走向破产的思维方式，就像2000年前的人们那样。

你越是深入地尝试着研究那些长期以来就是哲学研究主题的普遍关系的特征，就越不倾向于对它们做出任何定论，因为你会比以往更加清楚地意识到，每一个定论都是多么地模糊与狭隘、不恰当和不准确。(这种否定性态度在佛教智慧中体现得最为强烈，它会用一些相互矛盾的陈述对事物进行象征性的表达，比如一个事物既不是A也不是非A，但是它并不是“既非A也非‘非A’”，也不是“既是A也是非A”。)

考察那些对古代或现代哲学所谓的客观、历史的描述时，让人扫兴的是我们常常会发现如下说法：A或B是这个或那个观点的“代表”；某某人是一位X主义者或Y主义者，其拥护着这个体系或那个体系，或者部分地拥护着一个体系同时也部分地拥护着另一个体系。不同的观点几乎总是针锋相对的，似乎它们确实是关于同一个对象的不同观点。但是这种表述实际上迫使我们将这些思想家中的这个或那个，或者将双方都看作是疯子，又或至少是完全缺乏判断力的。我们不禁会好奇，后来人——也包括我们自己——怎么可能会认为那些思维不缜密而且还胡言乱语的傻子们值得更多的关注呢？但是，至少在多数情况下，我们面对的实际上都是由非常优秀的头脑提出的有理有据的观点，因此可以认为他们的判断之不同实际上是由于所指称事物存在差异，至少是因为他们在反思过程中把关注的重点放在了同一个对象的不同方面。如果要给他们的思想做一个批判性的表述，就不应当像以往那样强调这些思想之间彼此矛盾之处，而应当着眼于把这些不同的方面整合到一个完整的图景中去——当然,绝不能对这些不同之处打折扣,否则只会得到混乱而且一开始就不真实的表述。

真正的困难在于:用看得见的文字媒介来表达思想就好比桑蚕吐丝。正是在成为蚕丝的过程中,蚕腹中的材料才获得了它的价值。然而也正是在见到天日之后,蚕腹中的材料便僵硬定型;它变成了一种外在的物体,不再具有可塑性。没错,我们现在回顾同一个思想的时候是更容易、更自由了,但也许就再也不能重新体会到那种原初的新鲜感了。所以,更好的声音[voce meliora]总是我们那些最新因而也是最深刻的见解。

哲学式惊奇

伊壁鸠鲁[①]曾经说过,一切哲学都源于哲学式惊奇(θαυμάζειν),也许他说得没错。如果一个人在任何时候都对我们周遭处境的巨变和奇异无动于衷——尽管我们并不知道他为何如此,那么他对哲学肯定不会感兴趣,当然他也没有什么理由为此而感到困扰。非哲学式态度和哲学式态度(两者之间几乎没有任何中间形式)有着以下明显的不同:前者接纳一切事物演变的一般形式,仅仅对某一事物发生在今时此地和昨日彼处的特定内容之不同而感到惊讶;至于后者,恰恰是一切经验的共同特点,比如概括出我们所经历过的一切有何特征,才是引起惊讶的最首要的来源。诚然,我们几乎可以说引起惊讶的是这样的一个事实:事物居然还能被经验到和遭遇到。

在我看来,第二种类型的惊讶——无疑它确实是存在的——本身就令人惊讶。

① 译注:伊壁鸠鲁(Epicurus,前341—前270),古希腊哲学家、无神论者,伊壁鸠鲁学派的创始人。

的确,在遇到一些与正常的情形不一致的事物或者至少是与我们出于这样或那样的理由而做出的预期不一致的事物时,我们都会感到惊讶和惊奇。但是就整个世界而言,我们只能经历一次。我们没有任何东西可以与之比较,也不可能带着任何特定的期望去看看如何才能够接近它。于是我们一直感到惊讶;我们为所发现的东西而感到困惑,然而我们又说不出来,业已发现的事物应当是什么样子才能使得我们不为之惊奇,或者说世界到底应当如何构造起来才不至于形成一个谜团!

比起只是一般地谈及哲学式惊奇,我们在面对哲学中的乐观主义和悲观主义的时候也许能更强烈地感受到比较标准的缺乏。我们知道,有一些非常著名的哲学家,比如叔本华,宣称我们的世界是一个悲哀的粗制滥造之所,同时也有另外一些哲学家,比如莱布尼茨,宣称这个世界是我们所能感知的世界中最好的一个。但是,如果一个终其一生都未曾离开过他土生土长的村庄的人描述说那里的气候热得不得了或冷得不行,我们又该作何评价呢?

这样一些引发价值判断、惊奇和猜测的现象,并非指经验的某一个特定方面,而是作为一个整体的经验本身,它们吸引了许多极富才能的头脑——而不是呆子们——的关注。我觉得这些现象意味着,我们在经验中遇到的那些关系的普遍形式从来没有(至少到现在)由形式逻辑或具体科学(还不如前者)所把握:不管我们如何奋力地挥动着那张属于形而上学的、效力堪比康德本人签名的死亡证书,这些关系都将不断地迫使我们回到形而上学,也即回到一些超越了经验所能直接把握之物的内容。

问题所在

自我——世界——死亡——多元性

有一种观点认为,灵魂将身体作为房屋栖居其中,在人死的时候弃之而去,并且可以无须身体而存在。若我们同意将这种过于天真、幼稚的想法置于一旁,不予进一步讨论,那么我想,最要紧的问题之一,如果不是最为重要的问题的话,可以相当简要地描述如下。若这个问题得不到解答,形而上学的诉求最终也就无法得到平息。

下面作为一个整体的这四个问题,无法用“是”与“否”的组合给出令人满意的回答,因为那样只会陷入无尽的循环中。

(1) 存在一个自我吗?

(2) 存在一个自我之外的世界吗?

(3) 身体死亡之后,自我会消失吗?

(4) 身体死亡之后,自我之外的世界会消失吗?

如果我们从自我开始讨论,那么生理学中的诸多事实将使我们确信,自我的所有感觉与身体内的物质变化有着密不可分的联系:身体的毁灭意味着自我的消亡,这一点毋庸置疑。令人同样确信的还有,我们必须拒斥存在一个自我之外的世界的可能性,因为两者均由相同的经验“元素”构成,而且事实上“世界”一词所指称之物完全是由那些同样也属于自我的元素构成的。不管在何种情况下,我们称之为“世界”的东西,都只是自我之内的一个复合体,但是我自己的身体也只是这个世界复合体之内的一个复合体。那么,我们所知的“世界”将随着它自身的一小部分受到的毁灭性攻击而彻底消亡(像这样的案例还有数百万呢)——这是一个多么耸人听闻的胡言!

另一方面,如果我们单单从世界开始讨论,便自然会抛弃假设世界会随着自己的身体死亡而消失的理由。但是随即会出现如下悖论——在我看来,迄今为止只有印度的数论哲学[①]对此有着充分的认识:

假设有两个人的身体 A 和 B。使 A 置身于一个特定的外部情境中,那么他就看到了某个特定的景象,比如一个花园。与此同时,让 B 待在一个黑暗的房间里。如果现在令 A 进入黑屋中而使 B 处于 A 之前所处的环境中,那么花园的景象也就没有了:房间里漆黑一片(因为 A 是我的身体,B 是其他人的身体!)。这显然是一个矛盾,因为若从一般的和整体的角度来看,这种现象就好比负载对称的天平朝着一侧发生倾斜一样没有道理。当然,这一个身体与其他所有身体在别的许多方面也是有所不同的。我们总是会站在某个十分奇特而且相当特别的角度去看待它。只有它会随我的意志而移动——我们稍后会回到对意志的分析;换一个说法,它是仅有的这么一个身体:它的某些特定运动在最初的那刻就几乎可以被确凿地预知。它是仅有的一个在我受伤时会感到疼痛的身体。我们可以举出这些独特性中的任何一个,并将其作为其他独特性的适当基础。但是,要是我们讲究如何基于这些特点在整体上将所有身体中的某一个身体与其他身体区分开来,便没什么道理可言了,除非我们主观地将一个真实的、可被感知的灵魂自我在空间上和物质上嵌入那个特定身体的内部——而这就是我们一开始便已抛弃、不予讨论的幼稚观点。

实际上,这个困难同样出现在我们接下来要讨论的一个著名

① 译注:数论哲学是婆罗门六个正统哲学派系之一,认为世界作为结果是由某些根本因转变出来的。

思考中(确实有相当多的——尽管不是全部——真正的哲学问题都会指向这一中心问题)。当然了,这里的视角是很不一样的。

我们来考察一下任意一种感官知觉,比如对某棵树的知觉。许多哲学家坚称,必须将对于树的认知和树本身或者“在其自身中”的树区分开来。在素朴的层面上,这一观点的理由在于树本身显然不会走进观察者的身体之内,被观察者感知到的仅仅是从树发出来的某些效果。我们可以用一个更前卫的观点来为之辩护:如今我们可以很有把握地认为,当且仅当观察者的中枢神经系统中发生了一些特定的生理过程时(具体细节现在还很不清楚),他才会看到并感知到这棵树。不过,对此我们可以评论说:如果能准确地知道这些过程是什么,我们就不会把这些过程描述为一棵树,不会描述为对一棵树的感知,也不会描述为一棵被感知到的树。那么,说我们感知到了这些作为我们感觉与思考之直接基础的生理过程是否正确呢?答案无疑是否定的,否则我们就不会发现自己仍然绝望地处于对它们一无所知的糟糕境地。那么,我们感知到的是什么,或者说我们要和树本身进行区分的“对树的感知”到底在哪里?

我们知道,马赫、阿芬那留斯、舒佩[①]等人找到了一种非常简单的方式来解决这个困难,大概是下面这么回事。康德提出的“树自体”不仅(正如英国哲学家们早已知道的那样)没有颜色、气味和味道等,而且完全属于物自体的范畴。物自体必然在所有的方面都是我们的经验所不可及的,我们有理由一劳永逸地宣称,物自体并非我们所关心的;如有必要,可以将其直接舍弃。现在回到我们真正关心的事物范畴中来。树只会一次性地

① 译注:舒佩(Wilhelm Schuppe,1836—1913),德国唯心主义哲学家、内在论的创始人。

呈现自身,而我们既可以称这单个予料[1]为树,也可以称之为对一棵树的感知——前一种说法具有简洁的优点。这一棵树便是我们所掌握的一个予料:它当时既是物理上的树,同时也是心理上的树。我们之前已经提到一点:同样的元素构成了自我和外部世界,它们以各种复合体的形式存在着,有时被描述为外部世界的成分——事物,有时又被描述为自我的成分——知觉、感知。上述思想家们称之为对世界的自然观念的回归,或者对朴素实在论的辩护。它把关于感觉和意识如何从原子的运动中产生的那一整堆伪问题都去除了,尤其是杜波依斯·雷蒙德[2]的著名的不可知论。

但是,如果我并非独自一人而是和其他一些人一道站在那棵树面前,而且我意识到我们可以通过交流确保我们都以同样的方式感知到那棵树,那么情况又会如何呢?于是,我不得不假定,在数量上只是一个的元素复合体——那棵树——同时也是好几个意识的成分,同时属于好几个自我,即为它们所共有。请注意,这里不是说共有的认知对象,而是共有的认知成分。事实上,上述思想家都没有回避这个乍一看有些不同寻常的结论。例如,马赫曾说,"我不认为我的感觉与其他人的有何本质区别。相同的元素(马赫自己的强调)在许多不同的结合点上凝聚,也就是各个自我"。[《感觉的分析》(*Analyse der Empfindun-*

① 译注:拉丁文为"datum",意为"所予",指任何研究或推断由之开始的材料或信息,它是我们关于世界的知识的必不可少、最低限度的前提,不需要进一步的理由。

② 译注:杜波依斯-雷蒙德(Emil du Bois-Reymond,1818—1896),德国物理学家和生理学家。1880年,他在柏林科学院的一次著名的"世界七大谜题"演讲中,认为其中一些是科学和哲学所无法解释的,如"物质与力的终极本质""运动的起源""基本感知的起源"等。他用一句拉丁文提出了著名的不可知论:ignoramus et ignorabimus(We do not know and will not know),为科学蒙上了悲观的色彩。

gen),第三版,第 274 页]阿芬那留斯和舒佩也表达了相同的观点,后者还特别强调了这个观点。舒佩说:"我迫切地想不断强调的是,意识之中虽然有相当大一部分内容在这个意义上是主观的,但并非全部都是;相反,不同自我的意识中有一部分内容不仅在本质上相似,而且也一定是它们的共同内容,因为不同自我的意识在数量上是同一的,在严格意义上是共有的。"[见阿芬那留斯的《人的世界概念》(*Der menschliche Weltbegriff*),第三版,第 155 页]

这虽然是唯一一个符合逻辑的结论,但我们西方人一听就立刻觉得它完全是奇谈怪论。我们离马赫和阿芬那留斯所说的朴素实在论相隔太远了,早已习惯了认为(虽然没有直接的证据证明,而且最为原始的日常经验也会显示出相反的情况)每一个人的感觉、认知和思想都是和其他人严格分离的领域;这些领域彼此没有任何共同之处,既没有重叠的地方,也没有直接的相互影响,而是完完全全相互排斥的。在我看来,认为意识的元素由好几个个体共有的观点本身既不自相矛盾,也没有与其他已知的经验事实相左;相反,它的确很恰当地还原了一个真实朴素的人面对事物时的实际状态。如果将这一共有的存在仅仅归结到那些由"外部物体""引发"的不同个体的"感觉—知觉"上来,不免太过狭隘了。共享着的思想,即几个人真正地在思考同一件事情(这在日常生活中要比在科学中常见得多)是真正共有的思想,而且它们是单一发生的;就被思考的内容而言,任何基于计算正在进行思考的人数来声称思想在数量上有多少的做法,都没有意义。

正是在先前被抛诸脑后的那一点上,我们遇到了第一个真正的悖论。只要我们放弃自身、放弃自己真正特殊的自我这种观念,并且像一个超然世外的神那样做一个不参与其中的外在描述者，那么，自我是由很大程度上共有的元素于许多节点凝聚而成的这一观点就会是清晰而合理的。但是，只要想到我自己只是这些自我中的一个，想到这些元素的整个结构只是在一个高度不对称而且随意的视角（而且只有一个视角）一直不断地呈现自身，我就不得不问，到底是什么使得这单独的一点与整体中的其他部分区分开来了呢？这类问题恰恰又使我们回到了之前讨论过的同一个观点上。

吠檀多派的见解

精神在最高处的激情翱翔，
将借由图片和形象来实现。

——歌德

于是，对哲学来说真正的困难就在于进行观察和思考的个体在空间和时间上的多样性。如果所有事情都发生在同一个意识当中，整个情形将变得极为简单。我们得到的将是一个简单的予料，不管其构成如何不同，它带来的困难几乎不可能像我们手头实际面临的那么大。

我并不认为这个困难能够在我们的智力范围内通过自洽的思考而得以逻辑地解决。不过，问题的解决方案说出来其实相当容易：我们看到的多元性只是表面现象而已；它并不是真实的。吠檀多哲学将其作为一个基本的信条，并且试图用许多类比来阐明这个问题。其中最吸引人的当属多面水晶的说法：多面水晶让现实中存在的单一物体呈现出成百上千个小图像，但并没有真正地使该物体的数量成倍增加。我们今天的知识分子不习惯承认图像式的类比也是哲学洞见，我们坚持使用逻辑演绎。不过,作为反驳,我们也许可以指出逻辑思考至少有如下不足:通过逻辑思考来把握现象的基础应该是不可能的,因为逻辑思考本身就是现象的一部分,而且全然包含于现象之中。我们不妨自问,这种情况下是否还有必要仅仅因为不能严格证明其有效性而拒绝用寓言式的图像来描述事态。在相当多的情况下,逻辑思考使我们达到一定高度,却又令我们身陷困境。面对一个逻辑思考方式无法直接把握却似乎又要引导我们进入的领域,我们也许最终能够以某种方式达成对它的认识。此种方式下,逻辑思考的路径并不会逐渐消失,而会汇聚到该领域的某一个中心点;它们有可能累积成一个极其珍贵的世界图景的轮廓,而且这一轮廓的价值并不能由最初那些缜密的、清晰的、环环相扣的逻辑标准所评判。这种做法的事例在科学当中不胜枚举,其正当性早已得到认可。

稍后,我们将试图为吠檀多派的基本见解提供一些支持,主要是通过指出现代思想中那些与之相合的特定思维方式。且让我们先勾勒出一幅经验图景来帮助我们认识它。在下面的论证中,我们一开始所描绘的这个特定情形可以用其他任何情形来替代,而且同样妥当;它的作用只是提示我们,这一见解是需要被经验的,而不仅仅是从概念上去认知。

设想一下,你正坐在高山地区的一条乡间小路旁的长椅上。四周全是长满青草的斜坡,草地上露出了一些岩石;山谷另一面的斜坡上有一片碎石带,长着稀稀落落的桤木丛。树丛从山谷深处向上布满了两侧的峭壁,一直到牧场的边缘。在你的对面,有一座山顶覆盖着冰雪的巨峰从谷底拔地而起,高耸入云。此刻,最后几缕柔柔的玫瑰色夕阳正轻轻地吻着山上晶莹光滑的雪域和棱角分明的岩面,与澄澈、素淡而透明的蓝天形成了绝妙的对比。

以我们惯常的方式观之，你所看到的每一样东西，除了一些小小的变化外，都早已先于你而存在了数千年。再过上数年——并不是很长——你将不复存在，而那树林、岩石和天空依旧会在你身后的数千年里长存。

到底是什么让你花上一小会儿时间，平白无故地欣赏起这一蔚为壮观却又与你几乎毫无干系的景象来呢？你的存在所需的那些条件几乎和这些岩石一样古老。数千年以来男人们一直在奋斗、坚忍和生养后代，女人们则在剧痛中分娩。一百年前，或许有另一个人也坐在此处，像你一样，怀着心中的敬畏和向往凝视着山顶积雪上正在逝去的夕阳。像你一样，他也是由男人生养、女人生育。像你一样，他也会感到疼痛和喜悦。他是另外一个人吗？这不是你自己么？你的自我又是什么呢？是什么样的必要条件让此次被感知的东西进入你那里，而且仅仅是你那里却不是其他人那里？这个“其他人”到底有什么可以被理解清楚的科学意义呢？假设你现在称之为母亲的这个人当初与其他人同居，并且有了他的儿子，而且你现在称之为父亲的人也同样如此，那还会不会有你呢？或者，你是否早已就存在于你的父母中、你父亲的父亲中、你父亲之父亲的父亲中…甚至是数千年以前的那代人中？即便如此，那么你为什么不是你的兄弟，你的兄弟为什么不是你，你又为何不是你远房的表亲呢？客观上讲所有的条件都是一样的，你又凭什么对你所发现的这个不同——你和其他人之间的差异——深信不疑呢？

这么一想，你也许会猛然发现，吠檀多的基本信条多么的精深恰切：你认为属于你自己的那些知识、感受和选择的整体不可能是在不久前的某个特定时刻无中生有的。相反，这些知识、感受和选择在所有的人那里——不，是在一切有感觉的生灵那里，实质上都是永恒不变的，而且在数量上就是一个。但这一观点不是像斯宾诺莎的泛神论那种意义上的,不是说你是一个永恒和无限之存在的一个部分、一个片段、一个方面或者一种变体。那样的话我们紧接着就会面临同样棘手的问题:究竟哪一部分、哪一方面才是你呢?有什么标准可以客观地将其与另外的部分或方面区分开来呢?并没有那样的标准。正如一般的推理所无法认识到的那样,你(以及与你类似的其他有意识的生灵)就是一切,也存在于一切当中。因而,你自己在过的这个生活,并不仅仅是整个存在的一个片段,在某种意义上它就是整个存在;只不过这个整体并不是以一种显而易见的方式构成的。我们知道,这就是婆罗门在那个神圣而神秘,却又如此简单而清晰的公式中所表达的:Tat tvamasi,这就是你。换一种说法就是,"我既在东方,也在西方,我既在上面,也在下面,我就是这整个世界"。

如此一来,你便可尽情地平躺在大地上,在地球母亲身上舒展四肢,心中确信你与她同在,她也与你同在。你和她一样坚实稳固,和她一样坚不可摧,这感觉比以往要强烈千百倍。正如她必然会庇护你的未来,她也无疑会再次把你推到新的奋斗和苦难面前——并非只在"某一天"而已:现在、今天、每一天,她都在将你向前推,不是一次而是成千上万次,正如她每天也会成千上万次地庇护你。只有现在,一个而且是同一个现在,才是永恒和常在的;只有此刻才永远不会完结。

隐含在一切有道德价值的活动中的,正是对这一真理的认识(个体在他们的行为中很少会意识到这个真理)。它可以令高贵之士不仅甘愿冒着生命危险去追求他认可或相信为善的目的,而且——这种情况比较少——在生还无望之时宁静祥和地放弃生命。它引导着有德之人——这种情况可能会更少——在不得不承受苦难才能减轻陌生人的苦楚时,依然施以援手而不求任何回报。

对科学思想的通俗介绍

我们此前讨论的那个基本见解中，包含着一个相对来说几乎可以毫无困难地被现代科学思想所接纳的观点(尽管前文表达得比较片面和通俗)：使具有遗传关系的一系列个体得以代代接续的繁衍行为，其实并非对身体和精神生活的中断，而只是某种限定而已。于是，我们可以认为，某一个体的意识与其祖辈的意识之间的同一性，就跟我现在的意识与我酣睡一觉后的意识之间的同一性一样。通常，否认这一事实的论点会指出，前者所拥有的记忆在后者那里是全然不存在的。不过到了今天，这个事实无疑在很大程度上已经赢得了最后的胜利，即我们所面对的不外乎是超个体的记忆，至少许多动物的本能便是如此。鸟类的筑巢行为是其中一个众所周知的例子：即使鸟类没有习得任何个体经验，它们筑的巢也常常非常准确地适合该物种的鸟蛋大小和数量。又比如，在许多狗那里可以观察到"造床"行为，像踏着大草原上的青草一样在波斯毛毯上压出一个小窝。再如，为了防止被敌人或猎物闻到，猫会努力掩埋自己的排泄物，即使是在木地板或砖石地面上。

要在人类当中发现类似的现象，则由于以下事实变得困难：一个人总是会对自己的行为产生内在的意识，再加上我们坚信——在我看来是错误的——只有那些完全不假思索、没有经过任何深思熟虑做出的行为才能被说成是出于本能的。这就使人们产生一种强烈的倾向——强调事情的主观的一面，怀疑到底存不存在物种记忆这样的东西，使人认为这些现象对于证明目前讨论的关于连续性的观点没有任何价值。然而，像动物一样,人类中其实也存在一种带有强烈感情色彩、确凿无疑地带有超个人记忆特点的复合体:性感觉的初次觉醒,两性之间相互吸引和冲动的感觉,对性的好奇,对性的羞耻感等。不过,坠入情网时那种难以描述的、有几分痛苦又有几分像置身天堂的感觉,尤其是矢志不渝的情有独钟,却不是整个物种所共有的,它们最清晰地体现了个体身上的特殊的记忆痕迹。

另一个体现了原始的遗传记忆印迹的"印迹复现"[①](西蒙[②]的说法)的例子,是日常生活中一些人称之为"吵一架"的一组现象。如果有人侵犯了我们的权利(不管是实际如此还是我们自认为如此),我们立刻会感到激愤,对其加以谴责,甚至破口大骂。我们被"激发起来",脉搏加速,血液涌上头,肌肉紧张、颤抖,好像"充电"了一样,而且常常难免要动起手来。简言之,整个身体显而易见地预备着大动干戈,正如我们千千万万的先祖们面对类似情形时所做的那样,去攻击或抵御冒犯者。这对他们来说正确且必要,于我们而言则往往并非如此。但是,我们仍然没法控制这一系列生理现象。即便一个人非常清楚任何暴力行为都是不切实际的或者明白自己会因此受到严重的伤害,从而压根不会认真考虑采取暴力行为,只要他有一点儿用武力解决问题的倾向,这些生理现象就必定会出现。而且,尤其是,即便他有着强烈的意愿坚持只通过言语进行有效自卫——因为(我推测)用语言就足以保护自己免受严重的伤害,正如祖先们在他们的情形下动用拳头——他也会出现这些反应。这就是说,关于紧张感的整个原始机制其实大大地阻碍了个体自身对

---

① 译注:英文为"ecphoria",意指外部刺激在生物体中留下的记忆。

② 译注:西蒙以获得性遗传为基础发展出了"摹涅姆"(mneme)学说。"Mneme"是希腊文的英文音译,含义为记忆、回忆、记录,西蒙用它表示对于由外部刺激获得并内化于生物的经验的记忆,认为它是一切生物的基本属性,也可译作"记忆基质"。本文采用后一种译法。

于自卫方式的使用。个体为克服这种“与同质异形的记忆基质之冲突”的努力，进一步清晰地呈现了该现象中的记忆基质性（西蒙的说法）特点。记忆印迹系列的连续性遭到了“猛击”。现实生活当中我们常常不得不控制自己，我们怎么会不知道这一过程有多么痛苦？当我们试图违背理性、按照这种记忆基质性法则而行动的时候，它如此强烈地让人感受到了它的力量。顺便说一下，按照常识对这种行为作出的评判，完全符合我们的解释。我们有一种正面对着最原初的自然力量的感觉；确实，依赖这种自然力量行动的人，往往明白自己做这些事时并无真正的动机，也不是由通常意义上所说的动机诱导的，因而下一刻他也许就会懊悔不已。

这些例子都比较特别，其中体现出来的祖先因素的介入及其在我们生命早期而非在后天的个人生活中产生的强力影响，尤其值得注意。这类例子还可以举出更多，有的更确切有的则不那么确切：我尤其能想到的是“同情”和“反感”、对某些无害动物的无端厌恶，以及在某些地方有仿佛回到家中的感觉，等等。但是，我们强调意识的连续性与同一性所要表达的意义并不只有上述那类例子而已；即便不列举那些例子来阐释，我们依然能够坚持这一观点。

我的意识生活取决于我的躯体尤其是中枢神经系统的特定构造和工作方式。而这些在因果上和基因上又直接依赖于早先的躯体的构造及其工作方式，它们同样与意识上的精神生活密切相关。这一系列生理事件不曾在任何一处被打断；相反，这些躯体中的每一个，对它的下一个躯体来说同时是其蓝图、建造者和建造材料。也就是说，它的一部分生长成了它的一个复制品。在这一切中，何处应当算作一个新意识的开始呢？

但是，我大脑的特殊构造和既成习惯，还有我的个人经验——实际上也就是我称之为我的人格的一切——这些东西毫无疑问并不是由我的祖辈们的情况所决定的。就算我说的祖辈仅仅指我自己家族中的先人们,那也确实不是啊。这就使我们不得不细细思考本章开头提到的那个片面的观点所说的到底是什么。我称之为更高层次的精神自我,其结构本质上确实是我的祖先们繁衍的直接结果,但并非仅仅限于也不主要限于血缘上的祖先们。为了避免让接下来的讨论看起来仅仅流于十足的修辞把戏,有必要先澄清一点,即决定个体发育过程的两个因素分别是(1)其基因的特殊组成方式,和(2)对其起作用的特殊环境模式。我认为,有必要认识到这两个因素的性质是相同的,因为尽管基因的特殊组成方式包含了发育的各种可能性,但发育也受到早先环境的影响并在本质上依赖于它。现在来探讨一下精神人格之形成是如何与环境的影响紧密相联的,所谓环境的影响就是物种中其他健在的或离世的成员之精神人格导致的直接结果。时刻牢记,我们科学家能够也确实必须将所有这些"精神性的"影响视作由其他个体的躯体给我们个人的躯体(也就是脑系统)带来的直接变化,因此,这些影响和那些从血缘上的祖先继承下来的影响并没有原则上的差异。

没有自我可以单独存在。自我的背后还延伸着一条巨大的物质的和精神的事件链,其中后者是这个整体中很独特的一个类别。自我作为反应的一环从属于这条巨链并同时承载着它。自我通过它的躯体尤其是大脑系统在任一时刻的状态,还有通过言语、文章、纪念、礼节、生活方式、新塑造的环境等纵然有千言万语也无法穷尽的方式表达出来的教育与传统,与其先祖们那里发生的事情之间建立的联系——我想说——并没有那么密切,很难说它就是而且仅仅只是这一切的产物而已。相反,自我和这里所有的一切从最严格的字面意义上来讲就是同一个东西：它是后者严格的直接延续，正如50岁的自我是40岁的自我的延续一样。

相当不可思议的是，尽管西方哲学几乎已经普遍接受了个体之死亡并不会终结生命本质之所在的看法，却几乎（柏拉图和叔本华例外）未曾思考过另一个更深刻且更有趣的观点，两者在逻辑上几乎是随行相伴的：关于个体之死亡的看法同样也适用于个体之出生，即我的出生并不意味着我是首次被创造出来的，而意味着我逐渐地从沉睡似的状态被唤醒。然后，我便可以看到自己的希望和奋斗，自己的担忧与关切，它们和生活在我之前的千千万万人的想法并无二致；我还可以憧憬自己以前的渴求能在未来的数个世纪中得到圆满实现。除了早已存在的思想在我这里延续之外，并没有什么新的思想种子在我这里萌发。这种延续并不是什么真正的新种子，而只是古老而神圣的生命之树的一个花苞如期绽放而已。

我非常清楚，读者中大部分人也许会承认这里所讲述的观点作为一种有趣而恰当的比喻并无不妥，但他们不会轻易同意按照字面上的意思来接纳所有意识本质上都是同一的这一主张，尽管叔本华和《奥义书》都已提及。即便仅仅声称同一个家族内的意识是同一的，这一主张也需要面对一个数量上的事实：通常来说，父母两人可以生育好几个小孩，然后继续生活。此外，用父母所有的个体经验在后代身上的消失为任何关于延续性的断言进行辩护似乎太过笼统。在我看来，家庭树当中包含的这个逻辑—算数矛盾恰恰是一个积极的解围，因为我认为这一点正是同一性观点在事实上得到科学证明的地方，从而该矛盾在作为一个整体的吠檀多论题面前失去了效力，或者至少可以说，将算数应用于这些事情将是极其不可靠的。至于记忆的完全消失（在许多人的内心深处，这无疑是生理上的"拟长生不死”的想法中最可疑的部分!),就算不考虑任何形而上学的观点,我们可能也会这么想,给一块尚未成形的蜡不断地捏塑雕琢,对于这个东西的形成有多适合呢——正如叔本华想到的,即使它不想被做出来,事实上却仍然正在被做出来。

再论非多元性

如果将一条小小的淡水水螅一分为二,就算分得再怎么不匀称,以至于所有的触须都位于其中一部分而另一部分一根也没有,它们最后也都会长成比原来稍小一点的完整水螅,而且这一操作是可以重复的[弗沃恩,《普通生理学》(*Allgemeine Physiologie*),第一章,Fischer:Jena,1915]。在这种等级的生物中,水螅绝非特例;理查德·西蒙(《记忆基质》,第二版,第151页)指出,涡虫也具有同样的特点。他对该现象的独特兴趣在于把这种低等生物的残体增殖严格地比拟高等动物记忆中的联想再现。这并非毫无道理。同样地,西蒙认为整个进化过程中的重演现象(它通常出现于高等动物和植物的胚胎期以及之前的发育过程中)可以和在心中复述一首学过的诗相提并论。这不是在比喻意义上说的,而是讲两者都可以诉诸一个更高的概念——西蒙用了“记忆基质性”这个词来表示。不过,要了解完整的观点及论述还是需要阅读西蒙自己的著作[《记忆基质》(*Die Mneme*,Leipzig,1994)和《记忆基质研究》(*Die mnemischen Empfindungen*,Leipzig,1909)],我就不在这里赘述了。尽管这个观点并不为西蒙的(狭义上的)同行专家们所赞赏,却受到了A.福雷尔[①]热情洋溢的大力推崇。作为一名同样

① 译注:奥古斯特·福雷尔(Auguste-Henri Forel,1848—1931),瑞士蚂蚁学家、神经解剖学家、精神病学家和优生学家。

声名卓著的精神病学专家和动物学家，福雷尔似乎是少数几个有资格评判这个比拟是否有道理的人之一。

我接下来要说说在此处介绍这个分割实验的原因。我希望读者能够把自己假想成水螅。必须得承认，与我们同处于生命阶梯上的这个原始小表亲总归是具有某种意识的，不管这意识多么的模糊与混沌。它在水螅躯体的两个部分中都存在，而且是作为原有意识的未被分割的延续物。我们无法从逻辑上证明这一点，但是可以感觉到除此之外的想法都是没有意义的。分割意识或使之加倍都是毫无意义的。就算找遍全世界，也找不到哪一个框架中的意识是多元的。意识的多元性仅仅是我们出于个体的时空多元性而建构的东西，而且是一种错误的建构。正因为如此，整个哲学都再三陷于一种令人绝望的冲突之中：在理论上不可避免地要接受贝克莱式的唯心主义，但它对理解现实世界却毫无用处。在我们所有可及的范围内，唯一能解决这一冲突的答案需要在《奥义书》的古代智慧中去寻找。

如果意识不是一种形而上学意义上的单纯之物，那么就很难理解为何即便是在单个个体的意识框架中多元性也不那么明显，因为将我们的躯体甚至是神经系统描述为单一的个体是非常有问题的。我们的躯体是一座由细胞和器官构成的城市，其中一些成员有着相对较高的独立自主性，比如血细胞和精子，还有（从一个稍微不同的角度来看）脊髓的单个神经节。再看一眼世界上其他的生命有机体我们就会发现，就构成身体之城的各个部分的自我维持程度而言，每一种可见的中间形式都处于一个连续序列中。我们发现，高等动物和植物中的各个部分都是完全相互依赖的，但区别在于：在动物体内，身体各个部分的功能已高度分化，将任何一个不小的部分从身体中分离出来必然会导致该部分的死亡，在许多情况下还会导致身体的死亡；而对于植物而言,只要条件适宜,分离之后的两个部分都有可能继续存活。这个序列的另一端是由空间上没有结合的单个个体构成的动物“国家”,它的各个成员间的独立程度也相对较高,蚂蚁、白蚁、蜜蜂和人类的国家莫不如此。正如我们之前所说,在这两个极端之间有无数的中间形式。如果把“城市”或“国家”这个词理解为仅仅是在比喻或类比的意义上用于这些例子,那将是一个极大的错误。如果被真正从(生物学意义上的)国家整体中分离出来,自生自灭,那么不管是一个人还是一只蚂蚁都无法生存。同样的道理,高等动物中单个的细胞或器官如果从有机体的整体中被分离出来,也会死亡:有机体各个部分已经高度分化,而被分离出来的部分又无法与剩下的有机体部分接触,从而被剥夺了它所需的环境条件。如果这些环境条件得到满足,即使是一个离体的器官也能继续存活,正如移植实验所表明的那样。

这些中间形式既可以指像水螅和涡虫一样“可分割的”有机体,也可以指许多以分裂生殖——形成菌落——为正常生殖方式的低等生命有机体。弗沃恩给出了一个尤为有趣的例子:腔肠动物门的管水母目。这类生物由许多分化程度相当高的器官组成,有的负责移动,有的专司摄食,有的用于生殖,其他的则负责保护整个躯体。但是这些器官仍然具有一定程度的自我维持能力,有的可以在一定条件下从母体中脱离出来独立存在,比如水母的气胞囊。

为进行比较而对有机生命王国进行的此番考察告诉我们,我们的躯体到底是什么:一个细胞国家,它只在十分有限的意义上是自成一体、界限分明和不可分割的。如果我想努力坚持当下主流的观点,从一个人的躯体在表面上的相对统一推演出他的自我是自成一体的(我的经验让我对此深信不疑),那么我会发现自己面对着一大堆错综复杂、难以厘清的问题，它们中的每一个都被非常明确地打上了伪问题的标记。为何在这个由层层堆叠的实体（细胞、器官、人体和国家）构成的等级体系中，恰恰只有中间层次——我想问的是，为什么恰好只有我的身体这样的层次——才被认为是拥有自成一体的自我意识的，而细胞和器官至今尚未拥有，国家也未曾拥有呢？或者说，如果不是这样，那么我的自我又是如何由我诸多脑细胞的那些单个自我所构成的呢？类似地，我以及我的同胞们的诸多自我会不会构成一个更高层次的、同样可以意识到它自己作为一个统一整体的自我，即国家或者整个人类的自我呢？一些非常杰出的头脑早已按捺不住对此进行了思索，在此我只举出特奥多尔·费希纳[①]。如果我们已经认识到将躯体视作统一体的困难及其后果，还要坚持把躯体的统一性作为自我的统一性的基础，那么这些问题就几乎是绕不开的。一旦我们将那种直接经验到的、引出“自我”假说的统一性的根基转换为一种形而上学的统一性，即一般意识本质上的独一性，上述难题就将不复存在。数量的范畴和整体与部分的范畴就不再适用，对整个情形最为恰切——无疑多少还是会有些神秘——的描述应当是这样：所有个体成员的自我意识彼此之间，以及与它们有可能形成的所谓更高层次上的自我之间，就数量关系而言就是同一个；在某种意义上，每个成员都可以理直气壮地宣称“朕即国家”。[②]

若要对此观点心悦诚服，最好的方式就是不断提醒自己，它的确是建立在直接经验的基础之上的，因为事实上我们从未在

---

① 译注：古斯塔夫·费希纳（Gustav Theodor Fechner，1801—1887），德国哲学家、物理学家和实验心理学家。

② 译注：原文为法文“L'État, c'est moi”，出自法国国王路易十四。路易十四执政时把国王的权力发展到了顶峰。他曾经公开宣称：“在法国，国家本身并非是一个实体，而是完全依附在国王身上的。”

任何情形下经验过意识的多元性,但总是无处不在地感受到意识是单一地存在的。这就是那个而且是仅有的一个完全无可置疑的知识,它不需要上溯到任何形而上学假定就可以得到。贝克莱式的唯心主义坚持这一点,因而可以前后一致、免于矛盾。想要超越这个观点,只能通过观察大量的身体。这些身体的结构与我自己的身体完全相似,它们与环境之间、彼此之间以及与我的身体之间都有物理上的互动,而且这种互动和我自己的身体与环境之间、与它们之间的互动完全一样。此外,还要做出一个与这些观察相关的假设,即这些类似的物理事件作用于我自己的身体时也会引起相同的感觉。如果说"有另外一个像你一样的人坐在那儿,他也一样在思考和感受",那么我们的看法就反映在接下来要怎么说:是说"我也在那儿,自我就在那儿,那就是我自己",还是说"那儿有一个自我,与你类似,是另一个自我"。正是"一个(a)"这个词,使得这两种说法有所不同,这个不定冠词使得"自我"降格为一般意义上的名词。就是这个"一个",使得唯心主义的漏洞无法弥合,令世界充斥着鬼魂,让我们无助地投入万物有灵论的怀抱。

毫无疑问,我的朋友 A 告诉我的他此刻正在感受、认识或思考的任何事情,都不会是我所直接意识到的内容。然而,我也同样不能直接意识到我自己在一个小时或一年之前所感受、认识或思考的任何东西。我只能找到过去的一些或清晰或模糊的痕迹,它们和我从与 A 的交流中所知道的关于他的感受等信息本质上几乎没有什么不同。还有,当注意力在两个彼此隔绝的观念领域中规则地来回转换时,同一个脑海中可以存在两条并列却彼此间几乎没有沟通的意识长链。如果两者建立联系(从而发展出重要的新洞见的情况并不鲜见),那么接下来的情形与两个不同个体之间交流想法将极为相似。反过来说,两个人之间密切的思想合作也有可能使他们的意识领域令人难以置信地融合在一起，成为经验上的统一整体。

有人可能会用下面这个粗糙的思想实验来试图反驳个体意识之间的同一性。我设计了20道不同的算术题，其中每一道题的难度都足以让一个聪明的小学生花上差不多一个钟头的时间。然后，我让20个能答出这些题目的小学生坐在同一个教室里，在某一天的十点到十一点之间，每个人负责解答其中一道。在十点钟之前他们都不知道自己要做哪一道题目，而在十一点的时候每个人都完成了自己的那道题目。单个意识无法做到这一点，于是，意识在数量上的多元性便得到了证明。

作为反驳，我们必须指出，这些"意识的20个行为"显然不能像一批发电机产生的电力那样被简单地相加或汇总成一个"20倍的效力"。这些行为是不能"串联在一起"的。如果假定学生们的能力完全等同，那么就算将其结合在一起，也不会比他们中的任何一个有更强的解题能力（我是说解答出难度更高的题目），除非他们在讨论、商量和探索的过程中能力有所发展——这也意味着所有人的能力得到相同的提高。反过来说，这些学生中的每一个人都有能力做出所有这20道题，只不过他花的时间多多少少会长一些。

同样，我们不能说某一次战争造成的20位或者1000位母亲的丧子之痛，是其中一位母亲的悲痛的20倍或者1000倍。我们也不能说20个或1000个年轻小伙子的床第之欢抵得上其中一人之愉悦的20倍或1000倍。不过，这样一些意识却完全可能得到强化，进而数倍于之前的强度，比如当那位母亲得知她的两个儿子全部战死时的悲痛。

最后，如果我们回到早些时候提到的马赫、阿芬那留斯和舒佩的观点，就会意识到他们的说法都非常接近《奥义书》中的正统信条,只是没有明确地说出来而已。外部世界与意识都由同样的原初元素构成,两者是一体的,是同一个东西。但无论是说只存在一个外部世界,还是说只存在一个意识,其实说的几乎是同一回事,都可以表达这些元素本质上在所有个体中都是共有的。

意识、有机、无机与记忆基质

无论我们采取何种哲学立场,有一个经验事实是不容置疑的,即一种较高层次的精神生活的显现,离不开一颗高度发达的大脑的有效工作。我们从自己的诸多感觉和认知中建构起来的、并总是乐于简单地认为它就在那儿的世界,事实上并不是只要存在就会显现出来。要使之显现,需要它自身非常特别的部分发生一些非常特别的活动,也就是大脑的工作。这是一个非同寻常地引人注目的情形,对此人们不禁会多少带着些试探的意思问道,大脑中的活动到底有怎样独特的、有别于其他现象的特点,使得世界通过而且仅通过它们才得以显现呢?有没有可能指明或者至少猜测一下,哪些物质活动有这种能力?哪些又没有呢?换一个更简单也许也更清楚的说法就是,哪些物质活动和意识有直接关联呢?

当今那些具备理性科学观的人会直接而明确地回答:从我们自己的经验和与高等动物进行的类比来判断,意识只与有机生命物质中一类特定的活动即特定的神经功能有关。至于从哪一个等级的动物开始具有意识以及意识最早期的那些阶段是如何构成的,就没有必要白费努力去寻找确切答案了——这些问题不如留给那些爱做白日梦且别无他事的人去思考吧。有人甚至想,一些与之完全不同的甚至是无机的活动,或者干脆一切活动是不是都对应着某种意识,这就更是无所事事之徒的天马行空了。这纯粹算是幻想，每个人都可以按照自己的假想在这些问题上自娱自乐，但这些假想不可能贡献任何知识。

上述回答的道理无可否认，但我并不认为那些满足于此的人能够始终完全清楚地认识到它在我们的世界图景中留下的尚未填平的巨大沟壑，否则他们就不会对它如此欣然自得了。尽管活着的有机体比无机体（稍后会对它进行更多讨论）更为普遍，但神经组织和大脑在有机界的出现也是一种非常特殊的现象，其意义和重要性我们已相当清楚。我们可以直接说明大脑的机制在时空活动中所起的作用，而完全不必理会它与感官之间独特的关联方式。也就是说，它毫无疑问是在生存斗争过程中发展出来的一种十分特殊的适应机制，不管是通过自然选择还是通过其他方式。它的作用在于使个体对环境的变动以一种有利于自身及其种群生存的方式持续做出反应。它无疑是所有的生理机制中最为复杂和精巧的，可以肯定地说，只要它出现在身体的某个部位，那个部位就通常会具有一种居主导地位的、突出的重要性。但是它并不是此类机制中唯一的一种，有很多种生命有机体并不具备这个机制。

另一方面，我们说，这个世界是通过意识活动而显现的——我们可以颇为平静地说，它一开始就是以此种方式出场的；意识的元素构成了世界，而就是在这个世界当中，我们发现大脑作为一种高度专门化的现象出现了，一种确实出现了却也很可能从未存在过，而且无论如何都不可能是自成一体的东西。现在我们却被要求去相信，必须要有这种在高等哺乳动物的进化过程中出现的特殊变化，世界才得以借助意识之光而破晓。如果没有它，世界将不过是一出在空无一人的剧院中上演的戏剧，不会出现在任何人眼中，从而从未真正出现过！如果这真是我们从这个问题中获得的最终智慧，那么在我看来这似乎意味着我们世界图景的彻底破产。我们起码得承认这一点,而不要表现得它好像无关紧要,也不要以我们的理性智慧去嘲笑那些无论有多么绝望仍在努力寻找出路的人。

斯宾诺莎或费希纳对此有着更为宏大、更加深远的清晰认识。对于斯宾诺莎来说,人的身体是“无限的实体(上帝)的一个分殊,它是通过广延属性表达的”,人的心灵也是同一个分殊,不过是通过思想属性表达的。但是,他认为每一个物质性的东西都如此这般地是上帝的一个分殊,都同时体现了这两种属性。于是,用我们的话来说,这无非意味着:正如我们身体的生命过程对应着一个意识,每一个物质活动也都以同样的方式对应着一个什么东西。费希纳以他才华横溢的头脑接着联想到,不仅仅是植物,像地球这样的行星以及恒星也都应该拥有灵魂。我并不同意这些奇幻的想法,但我认为没有必要非得下个定论说,到底是费希纳的观点更接近终极真理,还是现代理性主义者已然破产。

下一章中我将给出一些评论,或许有助于我们在这个问题上向前迈进一小步。首先,如我之前承诺的,在这里我要简要讨论一下有机之于无机的关系。

首先让我们从一个纯粹的事实陈述说起:除非经过特殊的安排,物理和化学定义中的无机物质(即我们的讨论主题)实际上是我们很少遇到或极其罕见的一个概念。考察一下我们的地球环境,就会发现它几乎主要是由活的动植物或它们的尸体构成的。这当然是就地壳的大部分而言。于是我们很可能会倾向于怀疑平常那种认为一切都源自无机物,以及有机体只是无机物的一种特殊形式的说法是否准确,觉得它是不是把实际情况本末倒置了。“但是,我们知道有机体是什么,知道它们生存的条件是什么,我们可以从中得出结论,对宇宙中大部分物体来说情况恰恰是相反的。”确实，我们知道我们的有机世界，知道它的活组织是由数量相对较少的元素以一种非常特殊的方式构成的。但是，用这个环境中非常独特而且相对恒定的条件来解释这个事实，并且假定其他的环境条件会产生不同的有机体形式，难道不会更自然一些吗？

于是，问题不可避免地出现了："有机"到底是什么意思？——这里说的是更广义的概念，自然要排除像"蛋白质"或"原生质"这样的简单答案。如果我们关注比这更加广义的概念，就会讨论到新陈代谢的标准。那么，叔本华所提出的界定标准也许是极为恰当的。他说，在无机存在物中，"本质的和永恒的元素，即同一性和整体性的基础，是物质，是质料；非本质的和可变的元素则是形式。在有机存在物中则相反；它的生命，也即它作为一个有机体而存活，恰恰在于在不停的物质变化中同时保持着其形式"。

但是，一个事物中什么被视为本质的、什么被视为非本质的则完全取决于观察者。就其自身而言所有的东西都是同样本质性的。这就使得"有机的"或"无机的"变成了我们所认识的或关注的那些特点，而不是物体本身的特点。确实如此。譬如我们在追踪一个原子的运动过程，而它的轨迹是否穿过一个活着的有机体对它自身而言其实毫无影响。那么，我们处理的就只是一些物理作用，我们也确信物理学在原则上已足以解答所有可能出现的问题。另一方面，令人感到别扭的是——至少乍看之下会觉得如此，如此一来我们竟然有理由将一个介质中连续的状态变化甚至也视作一个生命有机体最粗糙和最原始的形式，比如火山爆发、奔流变迁了数个世纪的河流，又如冰川和火焰。尽管这样说来会导致上述诘难，但是在我看来，有机和无机之间根本的区别不在于物体的构造而在于观察者的态度这一观点仍然非常值得思考。它使得我们不必反复质疑,生命有机体能否真正从无机物中“逐渐地”演变出来,毕竟两者“如此地全然不同”。事实上,虽然物体内部有着完美的连续性,但这种转变并不是渐进的。因为精神的关注点只能发生突然的转变,就算物体的结构会不断对其施压以使之慢慢转变。我的观察要么就集中于形式变化下不变的物质,要么就专注于变化物质中不变的形式,但无法同时很好地兼顾两者。同样地,我可以采用拉格朗日或者欧拉的形式来表达流体力学的众多方程,两者具有完全相同的内容,却无法从对方那里逐渐演变出来,而只能够通过改变诸多变量这个单一而不连续的步骤来实现。

当然,这一认识并不会阻碍,反而会激励我们去探索使器官组织发生特化(狭义地说就是获得其特色标志)的机制。正是通过被西蒙称为记忆基质的那种奇特物质,某个特定反应一旦被某种刺激复合物启动起来或者多次启动之后,就会像是受了“训练”一样,能够在之后类似的情境中,只需要原来的刺激复合物的一部分而且往往是非常小的一部分就可以取得同样的效果。我们对这个过程的机制依然一无所知。此外,目前还完全没有任何机械模型能够演示这一过程,即便是像玻尔兹曼用自行车模型演示电磁过程那样非常广义的“演示”也没有;不过,我们倒是用继电器的物理过程非常有效地(至少是在上述意义上)演示了刺激本身的独特性质[①]。当然,迄今为止还没有任何人认真

① 不像一般的物理反应,针对某一刺激产生的反应之独特性在于它不存在一个简单的因果比例。反应的发生并不能直接通过各反应系统的外部结构得到理解,而必须结合其中至少一个反应系统的内在结构才行,这种内在结构是无法从外部去认识的。继电器同样具备所有这些特征。

考虑过为记忆基质建造一个类似的模型的可能性[①]，尽管这对我们增进相关的知识十分重要。

论意识的形成

现在我们回到《意识、有机、无机与记忆基质》开头提出的问题：哪些物质活动和意识有直接关联呢？不过，本章将从内在经验这一更为牢靠的根据开始讨论。此前我们已经试图说明，大体而言，认为这种关联乃大脑功能所独有的特权这种看法是不大可能的；接着便不得不承认，试图将这种关联拓展到其他活动的努力，却不幸地迷失在了含糊而不切实际的猜测之中。现在，我们来试着进行一个相反的，但同样可以驳倒这种看法的观察。具体如下：

并非所有的大脑过程都伴随着意识活动。有一些神经过程与大脑中那些“意识”过程在其整个传入—传出模式和作为反应调节器的生物学功能上都极为相似，却和意识活动并没有什么关系。它们不仅包括脊髓神经节及其控制的神经系统的调节性反射过程，也包括大量与大脑自身有关的，但并不形成意识的反射活动。

现在，我们已经有了躯体中各种十分相似的神经过程作为考察的样本，其中有的伴随着意识活动，有的则不然；此外，它们在每一个层次上都存在中间形式，这对我们的分析极其有价值。那么，通过不断观察—思考的过程来找出每一个神经过程所独

① 西蒙本人也在为此呼吁，他说（《记忆基质》，第二版，第385页）：“当然，我们也需要物理学家和化学家们从另一个角度朝着同样的目标进行工作和研究，来发现是否有可能以及有多大可能在无机的水平上认识到与记忆痕迹的形成和记忆印记复现相对应的东西。目前我们还没有任何此类可用的东西。”

有的特征性条件,肯定不会太困难。

我认为其中的关键在于下面这个众所周知的事实:任何我们有意识地甚至主动地参与的一系列特定现象,如果以完全相同的方式不断重复,那么它们将逐渐地从我们的意识领域中淡出;而且,只有在某次全新的重复中,引起这些现象的事件或维持现象的条件与原来稍有不同,它们才会被重新拽回意识中来。当然,相应的反应也同样会稍有不同。但是,即便如此,进入我们意识的也不是整个过程,而是(至少主要是)那些使新现象与早先的现象有所不同的变体或分化物。

任何人都可以轻而易举地从自己的经验中给出千百个这样的例子,所以在这里我也许可以免于列举。若举其一例,则必再举数千,才能避免把我想表达的意思囿于某个太特殊的角度。

为了领会意识从我们的精神生活中逐渐淡去有何意义,我们需要认识到通过重复进行的训练,或记忆基质,在其中所起到的无比重要的作用。从生物学上说,单次的经验是完全微不足道的;只有频繁重复出现的情形带来的有效功能才具备生物学意义。事实上,我们的环境就是如此构成的,相同或非常相似的情形在不断地重复出现,而且通常是周期性的,这就不断地要求有机体为了维持自身的生存去做出相似的反应。当然,我们无法对这些观察追根溯源,因为每一个有机体都早已作为一个生命经历了环境数以百万计的方式的形塑。现在我们来想象一个面对着全新的生物学情境的有机体。它会以某种方式做出反应,以此维持生存或至少是免于消亡。如果重复进行刺激,就会产生相同的系列反应,我们认为这就是一个过程进入意识的第一步。重复会将一些新东西,一种"早已经具备了"的元素(阿芬那留斯在其对经验的批评的庞大命名法中称之为"背板的")带入意识之中。但是,伴随着频繁的重复,有机体的表现也会越来越好，正如我们的内在体验所能感受的。它越来越不那么“有趣”，反应变得越来越稳定，同时也相应地越来越不引起注意。现在假设外部情境发生了一个变化，更准确地说是外部情境所引起的反应的不同，被我们所意识到了。但是必须重申，这种变化只能是新的变化。渐渐地，它向意识内部渗入，并沉到意识之下。这种不同并不要求情境及其结果只发生单个并且始终是同一种方式的变化；实际情形可能常常是，外部情境现在这么变，等下又那么变，使相关反应也以相应的方式改变。下面这种分化也随之出现：对某一特定案例来说，经过足够多的重复后，确定何种情境下该如何反应已经成为一个相当无意识的过程了。于是，在第一层的基础上又可以叠加第二层的改变，第二层上又可以叠加第三层，等等。如此无穷无尽，只有最新近的、还在对活组织“进行训练”的改变能够被我们意识到。如果要对此给出一幅图像，或许可以说意识是一位老师，监督着活组织的教育。只有当新的问题出现时，他才会应学生们的请求来提供帮助，至于那些练习得足够多的题目，他会留给他们自己来解决。

这就是一幅图像！我简直想把图像这两个字强调 20 遍，并且用整整一页纸的大小把它打印出来。毫无疑问，我们传统的万物有灵论的倾向会谆谆教诲说，一个人遇到新的情境时，真的会有一个“意识的自我”，一个小精灵，被召唤出来指明当前的形势并做出接下来应当如何行动的决定。这个观念是一种糟糕的误解，一种可恶而幼稚的倒退。我们所说的一切仅仅是这样一个事实：新的情境以及随即对其做出的新反应都是伴随着意识的，而那些早已习得的反应则不是。

正如我之前所说，所有这一切都可以从意识领域中的例子得到无数次确证，即便在今天也如此。日常生活中有数以百计的小操作需要我们去学习，其中有些难度还不小。当我们的意识对其感受最强烈的时候,我们会为其初次成功而欢欣鼓舞。作为成年人,现在我们自己系个鞋带、打开电灯,或者晚上更衣睡觉等,几乎都完全不需要经过任何思考。有一个关于某位著名学者的故事,说某天晚上他的妻子告诉他有客人要造访,让他去卧室换上干净的衣领。结果他像往常一样机械地把衣领摘下后,就径直熄了灯上床睡觉去了。这个故事其实是相当可信的,只不过必须在一个人完全陷入深思并且对自己的行动毫无意识的时候才有可能。或者换一个例子,假设我们数年来每天去上班的办公室搬到别处去了。现在去上班时我们得在某一个路口离开熟悉的道路。那么,我们得犯多少次错误、花多长时间才能够适应这种路线变化,变化伊始我们又能在多大程度上清楚地意识到这种与之前机械地按照旧路线行进所不同的"情境变化"呢?

这个特点我们已经在精神生活的个体发育中了解得十分清楚了。在我看来,承认这一特点并将其用于系统发育并非轻率之举。如此一来,我们立马就可以解释神经节的功能具有无意识和反射性的特点。这些功能都与调节内部反应如肠道蠕动和心脏跳动有关。显然,此类反应长期以来都没什么变化,早已被安全地习得并从我们的意识领域中淡出了。呼吸活动则是一种中间状态,通常我们都在习以为常、毫无意识地呼吸,但是在一些特殊情况下,比如空气中有烟雾,我们的呼吸便会受到"情境变化"的影响,有意识地根据情况做出不同的反应。所以,从这个观点来看,神经节的功能可以说就是被固定下来的大脑功能。

众所周知,在深度睡眠的状态下,除了神经节带来的感觉之外,大脑不会给我们提供任何其他感觉。显然,睡眠是大脑——更确切地说是其某些部分——休息、恢复的时间。一旦这些部分受到感觉通路传来的信息引导,就必须随时准备着牺牲休息,开始工作。这种由感觉器官的暂时关闭而启动的休养过程,为何没有与我们某种意识活动发生关联的原因并非一目了然。似乎是因为,它已经是一种长期以来就被彻底习得的内在过程,不会再发生任何变化。

至此,所有的讨论都还限于大脑或神经过程。但我认为现在我们已经可以自信地向前再迈一步而不会遇到任何矛盾。我知道,这一步一开始所遭遇的不信任是最大的,但只有通过这一步我们才能在描述意识的形成条件上得到一个比较令人满意的结论,至少是一个初步的结论。

整个个体发育——不仅是大脑的,而且是整个躯体的个体发育——就是已发生成千上万次的活动的一种重演,它已很好地被编入了记忆基质。于是,我们可以毫无顾虑地假设,我们现在所强调的神经系统中各种活动所具有的特点,一般的有机体活动也具备:只要是新的,就会与意识发生关联。没有什么东西会与该假设相左。也就是说,下面这个众所周知的事实也没有对它构成反驳:我们的个体发育过程是无意识的,它始于子宫中的胚胎,一直延续到出生后的几年,这一时期婴幼儿的主要活动就是睡觉。此后,孩子们便会在各不相同但是都相对恒定的外部环境中经历一个长期的发育过程。

任何一个个体在发育过程中,只有个体的独特性经验才是被意识到的。只要一个有机体具备了能够对环境中特殊的、变化的条件持续适应的器官,只要它因此而受到环境的影响、训练和改变(这种改变能够在种族延续的过程中固定下来成为整个物种所拥有的属性,正如它们之前所具备的属性一样)——只要达到了这种程度,有机体活动就是伴随着意识的。我们高等脊椎动物的大脑中就有一个这样的器官,实质上也只有大脑中才有这种器官。正因为如此,我们的意识与大脑中的活动密切相关,大脑正是那个使我们得以持续地适应不断变化的环境条件的器官;正是在躯体的这个部分中,我们的物种得以不断进化。借用一个形象的比喻,它就是我们树干上的新芽。

简要总结一下,我们正在论证的规律可以表述如下:意识与有机体的学习活动密切相关;有机体已经习得的能力是不被意识到的。更简单地,诚然也是相当模糊和易被误解的说法是:形成中的是被意识到的,已形成的是不被意识到的。

道德律

坦率地说,若不是注意到我现在正论证的关于意识的假说(细致的考察,如果可能的话,还有待学识更渊博的专家)似乎能使我们在一个重要领域上增进一些理解,并且反过来也为假说本身提供支持,我是不会如此果断地认同它的。该领域尽管无疑与生理学相去甚远,但是和我们人类息息相关。我说的是,它使得伦理学的科学解释成为可能。

无论在什么年代,不管是哪个族群,自我克制都是一切美德之本。这在如下事实中一目了然:道德教化总是以一种要求的面貌出现——“你应当”怎样怎样。肯定如此,因为只要考察一下那些我们认为在道德上高尚、有正面意义或明智的实际行为或者出于各式理由为之喝彩、给予尊重和敬佩的行为,就会发现这些行为不管具体是什么,都有一个共同之处:对原始渴望的某种压制。

这种交织在我们一生中的“我想要”与“你应当”之间令人费解的矛盾,究竟从何而来?始终要求个体去否定他自己、压抑他原始的诉求,简单讲就是不让他成为真正的自己,这实在是非常奇怪和不自然的。事实上,近来(不是在公共教化中,就是在个体对德性生活之要求的态度中)针对一切道德准则发起的最强有力和最具毁灭力的攻击(顺便提一下,我把以功利为基础来建立各色道德的企图也算在内),就是以此为出发点的。

“我就是我这样。我有我个人的方式!根植于天性的冲动,要自由地发展!自我控制和自我否定乃一派胡言,是牧师糊弄人的。上帝就是自然,自然必定会以她认为合适的、以我应当所是的方式创造我:任何其他的‘应当’都是胡说八道。”

这段话或类似的言论屡见不鲜。不管怎样,事实上有不少人将这些话奉为座右铭。不得不承认,它们看起来似乎很有道理。这一原则似乎建立在十分自然的、毫不勉强的天性概念上,它的简单、直接和粗暴让人几乎难以抵御;相比之下,康德那些令人费解的道德律令则显得十分无力。

然而,庆幸的是,这种观点的科学基础并不牢靠。我认为,我们迄今所获得的关于有机体发育的见解已足以使人很好地认识到,无论如何,一个人终其一生都不得不而且一直在与其原始自我作斗争。稍后我们会对“应当”进行讨论。

我们所谓天然的自我、根植于本能的原始欲望,在意识领域内与先祖们从身体上赋予的遗传,也即我们迄今为止所获得的种系发育方面的特点有关。但是,我们——指那些可以用来随时称呼自己的“我们”——处于人类世代的前列。我们一直在进化。每一天的生活中,我们身上都会发生一些与我们物种那仍处于高峰期的进化过程有关的事情。事实上,每一个个体的生活,可以说其每一天的生活,都必定代表着这个进化过程中的一部分,尽管它渺小细微,好似在我们这尊永远无法完成的人类物种雕像上留下的一个微不足道的凿刻。整体来看,人类的宏大进化过程包含着无数这样微不足道的凿刻。所以,我们的每一步都必定是对现有形式的改变、克服和破坏。我们的每一步都包含着对原始欲望的抵制,在我看来也是对现有形式的抵制,就像那把雕像刻刀一样。因为我们既是刻刀同时也是石坯,既在克服,也被克服——这便是真正的、持续的自我克制。

但是这些思考可能仅仅是作诗般地玩弄辞藻,有的人因其朦胧而兴趣盎然,有的人则会心生厌恶——除非把它们和前文中提出的、关于意识与有机体活动密切相关这一观点结合起来。意识如同一面镜子,它反映的实际上是物种进化,这一点绝非一目了然。我们也许会认为进化一直以来都只是一个副产品;在它极其缓慢的历程中,多多少少与个体短暂的生命无甚关系,无论如何也不会以某种生动的形象被人们所意识。

但是,我们论证的恰恰是这一点的可能性:意识"只"属于那些目前还没有完全"渗入",还没有完全地、遗传性地固定下来的有机体活动;人类躯体的意识专属于大脑中的活动,因为大脑(或者它的某些部分)是负责发育的那个人体器官,是进化的尖兵;意识之所以属于那些活动,正是因为它们依然能够根据环境条件的变化而改变。这些改变仍处在被学习的过程,恰恰只有它们才能进入意识,并且在很久之后被完全地习得,成为物种的无意识的性质。

意识是在进化过程中产生的现象。这个世界只有在它正处在发展中、产生新形式的地方才能显现自身。意识之光不会照耀静止之处,因为它们已经固化,不再被人所感知,除非间接地与进化节点产生联系。

但是,从以上论述可以得出,意识与自我冲突有着千丝万缕的联系。这个在普通人看来多少有些自相矛盾的结论,可以很容易地通过引证各国古往今来最有智慧者的话得到证实,这是他们所一致认同的观点。这些智者们在其可考的短暂而光辉的生活中,对人类形式进行了最强有力的凿刻。如果我们的说法没错,便可认为他们在那场抵制遗传形式并推动其转变的斗争中厥功至伟。

作为一个典型的例子,我建议读者们现在重读一下前文当中对一位有教养的人士如何应对侮辱的描述,从中可以特别清楚地看到自我控制意味着克服从祖先那里遗传来的特性。请尤其注意伴随此过程出现的意识的高度集中——通常被称为亢奋,它显然和内在冲突的发生有关。因为如果一个人的性情里幸运地没有这种难以平复的原始紧张感,那么他在这种场合是远远不会如此亢奋的——当然,如果他二话不说直接效仿祖先们的做法,干脆将对方痛扁一顿,那他同样不会太亢奋。

不过,这个例子的典型性其实在于另一个方面:它体现了某种特定的美德在进化过程中是如何成为一种需要革除的陋习的。对于尚不具备政治生活的原始人来说,随时准备着为自己和完全依赖其保护的妻儿而战斗,确实是一种了不起的美德,注定会通过自然选择机制达到其顶峰。在荷马时代的诗篇中,仍能看到对它的颂扬,而决斗的风俗则使这种原始的价值判断一直保留到相当晚近的时代。现如今我们把原始时代的美德称为暴行;它已成为一种陋习,正如我们把先祖们从神祇贬为妖魔鬼怪。

尽管从以上论述中可以看到,整个意识生活事实上就是一种针对先前的自我的进化斗争,我们终生都在与先前的自我发生冲突,但目前仍然缺乏一个从伦理上进行价值判断、提出"你应当"这样的道德要求的基础,以指明它应该就是这样。当然,我们不是在鼓吹说朝着更高目标进化的观念在某种意义上就是道德要求的有意识的内在理由或动机。这是一种幼稚的看法,或许就像把对人格神的信仰拿来临时充当那种动机一样。但是,正如康德所强调的,道德要求是一个事实——我们必须理解这个事实,而不是用来支持这些要求的或这或那的理由与动机。从我们的经验中可知,这样的理由五花八门、数不胜数。

我觉得下面的讨论可以在生物学上给出此问题的答案。前文给出的特殊例子表明,一个最初对物种有益的独特性质,在进化过程中反而可能变得有害。同样地,以自我为中心的态度对于独居动物而言通常是一种有利于整个物种的美德,而于群居动物则不然。因而,那些在群居建设方面有着悠久的种系发育历史的动物,比如蚂蚁和蜜蜂,早已摒弃了自我中心主义。人类在这方面的历史显然要短得多,才刚刚起步而已;我们目前甚至仍然处于转变的过程中。作为自然规律的要求,这种转变注定要发生。一种正向群居生活发展的动物,如果最终没有抛弃自我中心主义,是无法生存下去的;因此只有那些能够完成转变的群居动物才能够继续存在。当然,这并不是说我们应当做出这种转变,因为我们并不是非得过群居生活;个体可以而且常常会对此漠不关心。但是,另一方面,还存在如下事实:对于今天每一个构造正常的人来说,无私的精神毫无疑问是一种理论上的价值标准和最理想的行动准则——不管他的实际行为与此标准相差多远。从这一不可思议的事实中,我看到了人类才刚刚开始从自利主义向利他主义的生物学转变的迹象;相比之下,这一迹象在人类的实际行为中则几乎看不出来。

那么,在我看来,伦理上的价值判断在生物学上发挥的作用似乎是:它是人类转向社会性动物的第一步。

不过,请允许我重申:我并没有试图在这里揭示道德行为的动机,从而展示一个新的"道德基础"。我们知道,叔本华已经做过这个工作,而且迄今为止我们还不太可能在其基础上取得任何实质性的进展。

第二章

何为真实?

• Part Ⅱ What is Real? •

以我们惯常的方式观之,你所看到的每一样东西,除了一些小小的变化外,都早已先于你而存在了数千年。

——薛定谔

iħψ̇=Hψ
Erwin Schrödinger
*12.VIII.1887 + 4.1.1961
Annemarie Schrödinger
*31.XII.1896 + 3 X.1965
···R I P···

薛定谔之墓

摒弃思想与存在、心灵与物质二元论的理由

可能是出于语言和教育方面的历史原因，今天任何一个想法简单的人都会非常自然地认为物质与心灵之间的二分关系是再显然不过的。他不会认为下列想法有丝毫不妥：我们首先通过意志来移动自我的各个部分，然后又借助它们来移动物质性的东西；我们的身体与物质性的东西接触时会通过神经产生触觉；空气中的震动到达耳朵时产生听觉，光线到达眼睛时产生视觉，还有嗅觉、味觉、温度觉等感觉的产生莫不如此。但是，更加仔细地审视过后，我们便不会那么轻易地承认分处两个不同领域的活动之间会存在这种互动——如果确实存在着两个不同领域的话。因为第一个领域(心灵对物质的因果决定性作用)必然会破坏物质活动的自主性，而第二个领域(物体或其等同物如光线对心灵的因果性影响)则完全是我们所不可能理解的；简言之，我们就是无法知道物质活动如何能转变为感觉或思想，不管有多少教科书对此胡说八道，试图挑战杜波依斯·雷蒙德的权威。

除非摒弃二元论，否则这些不足将难以避免。这一点已屡被提及。奇怪的是，这一做法通常都是基于唯物主义的。最早这么做的也许是伟大的德谟克利特，他提出的素朴观点是，灵魂也是由原子构成的，但是是由一种不同寻常的、轻巧的、光滑的进而能高速移动的球形原子构成的[这一观点并非全无反响，比如晚至 1900 年才在盖伦著作中被发现的著名残篇《狄尔斯125》(*Diels* 125)中对此就有所体现。]伊壁鸠鲁和卢克莱修进一步发展了此观点，增加了“原子适应”这一可喜的“改进”(通常被归功于前者)。“原子适应”的提出就是为了解释人类和动物

的自由意志的，这在如今的思想中也能找到类似之处。海克尔[①]及其学派的一元论是另一个难辞其咎的尝试，他们在科学上的贡献因此而蒙上了一层阴影。斯宾诺莎将物质与心灵两者统合为一个他称之为上帝的实体，并赋予它名为广延和思想的两种属性，从而明确地去除了相互作用，因而避免了最严重的错误。但是，这一解释在某种程度上似乎让人觉得流于形式，尽管我们非常尊崇这位十分可爱且无比诚实和无私的思想家。伯特兰·罗素[②]在其《心的分析》一书中做出了一个非常有前景的贡献，认为心的状态和身体由同一类元素构成，只是组合方式不一样而已。他这里提供的解释与莱布尼茨的观点密切相关。但在我的印象中，罗素不久后便从放弃外部世界真实存在这一观念的立场上退却了。尽管放弃这种观念对一般人来说似乎显得很陌生，但绝对是必要的。他很快回归到外部世界真实存在的想法中去，很可能是为了避免面对不同的个体经验领域为何能有如此多交集的问题，这的确是而且将永远是一个奇迹。

但这么做并不妥。如果我们决计认为只存在一个领域，那必然是心灵领域，因为它无论如何都存在(通灵)。而且，假设两个领域之间存在相互作用，要么还需要一种有魔力的、幽灵似的东西；要么就是，这个假设本身就已经使这两者合为一体。

上文引用了一个重要的贡献[《心的分析》(*The Analysis of Mind*)，第四版，第5讲，1993年]，它认为物质和心理均由相似的元素构成，只是结合方式不同而已，这些元素本身既不是物

① 译注：恩斯特·海克尔(Ernst Heinrich Haeckel，1834—1919)，德国生物学家、思想家和哲学家。他在达尔文进化论的基础上建立了其“一元论哲学”，认为整个宇宙是一个巨大的整体，物质世界和精神世界构成一个单一的不可分割的实体世界。世界上不存在任何没有精神的物质，也不存在任何没有物质的精神。

② 译注：伯特兰·罗素(Bertrand Russell，1872—1970)，英国哲学家、数理逻辑学家、历史学家。

质性的也不是心理性的。然而让人惊讶的是,同样是这位伟大的思想家,竟然在1948年[见《人类的知识——其范围与限度》(*Human Knowledge, Its Scope and Limits*),第6部分,第6章,第480页]重弹老调,像另外一些人一样以略带消遣的口吻告诉我们,某些思想家所声称的实际上是在质疑外部世界是否存在。罗素几乎是以那种被称为"爱尔兰式逻辑"[①]的嘲讽补充道:他认为这种立场尽管确实很难被彻底驳倒,但即便对那些坚持它的人来说也是没法被采纳的。(我认为这两个说法如此矛盾,根本无法设想它们同时为真的可能性。)当然,唯我论和莱布尼茨的单子论并不是唯一被他嘲讽的观点,它们只是被拿来当例子而已。之所以列举它们,或许是因为它们是一元论(或准一元论)唯心主义中最薄弱的理论,可以被雄辩的对手用来展示其令人无可抗拒的说服力。

在我看来,比起只是顽固地去否认一种我们在现实世界中缺少它便寸步难行的概念(即真实存在着一个外部世界),将实在完全还原为心灵体验的努力有着更为深厚的根基。那种概念本身就是一种心灵建构物,现在受到的质疑也不是一点点。这里我们首先要反驳一个断言,即存在着一个外在于或伴随着该概念的客体,它既是概念的对象也是产生概念的原因。我认为它是一种毫无必要的重复,违背了奥卡姆剃刀原则[②]。我们并不知道"存在"在这种情况下应作何理解——这个客体的存在本来就是从简单的予料中建构起来的,只不过是以比较复杂的方式而已,因而概念本身并不需要它。最后,在那个"存在的"东西

---

① 译注:指自相矛盾的说法。

② 译注:又称"奥康的剃刀",由14世纪逻辑学家、圣方济各会修士奥卡姆的威廉(William of Occam,约1285—1349)提出。这个原理称为"如无必要,勿增实体",即"简单有效原理"。他在《箴言书注》2卷15题说"切勿浪费较多东西去做,用较少的东西,同样可以做好的事情"。

和由简单予料建构的理想世界之间任何有效的因果关系，都将是一种亟待解释的全新关系，它跟理想世界内部的因果网是两码事；而后者自贝克莱和休谟(他比贝克莱说得更清楚)以来，不但被认为更加难以被观察所直接把握，而且总体来讲比休谟哲学的继承者们包括康德自己所认识到的更成问题。

以上是我们的第一点。下面要说的第二点同样重要。我们所讨论的关于外部世界的概念——如之前所说，确实难以驳倒——也包括了我自己的身体，尽管“外部”这个词是对它进行描述时习惯性地加上去的。顺便提一句，由此可以看出，认为一个人的思想和观念仅位于其头脑之中有一处不妥——且不说其他，这会使人觉得整个外部世界都包含在它自身的一部分之中，就算只存在一个这样的头脑也是如此。现在接着考察那些非常普通的情形，为生动起见我会举一个具体的例子。我正坐在公园的一条长凳上，陷入深思。忽然有一个人来到我面前，抓着我左侧大腿在膝盖上方用力捏了一把。尽管不怎么疼，却让人感到不舒服。我回过神来，想看看是不是一个朋友在跟我开玩笑呢，结果却看到一个脏兮兮的、外貌可憎的少年。要不要给他一个耳光呢？我犹豫了片刻，但还是作罢了，于是一把抓住这个少年，拎着他去找此刻正在道路尽头执勤的一个警察。

我们当中的大多数人会认为，上述整个过程可以用外部世界的概念进行因果解释，而且只要这个概念足够完整，那么无须借助我在这个场景下自始至终产生的感觉和想法就可以理解该过程，即把它还原为已有的一般定律。我们并不会认为：外部世界的一个身体(也就是那个小破孩儿)会在我的心灵中引发一种通过神经传导的被拧捏的感觉；那个心灵在进一步接收了外部世界的其他信息并经过简单权衡之后，向手臂发出指令让它抓住外部世界中那个男孩的颈后根，并把他扭送到道路尽头的警察那里。你并不一定认同这种观点；你可能认为上面提到的这个可称之为自然的解释是一种偏见，它完全建立在我们的外部世界的概念之上。但是，就算你不同意这一观点，也必须承认它是一个富有启发性的假说。许多人认为它是最简单的，因而也是必然的——还是基于奥卡姆剃刀原则——解释，因为我们对于心灵与身体的交互作用一无所知，无论是感觉方面还是随意运动方面。但是，这种解释的危险在于把一系列的心灵体验还原成了仅仅是物理过程的附庸而已；无论有没有前者，后者都会照样发生，因为它们能够自行其是，不需要心灵的任何督导——换言之，这样做的危险在于将那些我们感到重要而有趣的一切现象都简化成了冗余的旁枝末节，它们也许根本就不存在，所以我们根本就不明白它们在那儿有何意义。我是说，如果忽视了这里讨论的因果关系乃是我们所谓外部世界的概念之中的事物——即如果坚持认为它位于一个不依赖我们的心灵经验而且独立地"存在"的外部世界之中，这种危险就会出现。在我看来，这就使我们得出了一个多少有些自相矛盾的结论：如果我们要做到避免胡说八道，以一种自然的方式——不需要指手画脚的魔鬼，不必违背熵增的原则，也无须什么隐德来希、生命活力或任何其他类似的无用之论——去思考在一个活的、有感觉的、能思考的生命中所发生的一切（即，以看待无生命物体中所发生之事的方式看待生命体），那么，这样做的条件就是认为一切事物都是在我们对世界的经验之中发生的，而不是将其归结于一个物质基础并把它作为经验来源的客体；在接下来的讨论中将看到，设定这种物质基础完全是多此一举。

语言学信息与我们对世界的共同把握

我通过自己的诸多感觉—知觉来了解外部世界。只有通过它们,我才能获得关于世界的知识;它们就是我建构知识的那些材料的来源。其他人莫不如此。每个人的视角等会有所不同,但借此产生的各自世界在很大程度上却是一致的,所以我们通常都会以单数形式使用“世界”一词。然而,由于每个人的感觉世界严格地从属于个人而且彼此没有直接联系,所以这种一致性就有些奇怪,尤其是它是如何建立的?许多人更愿意忽略或掩饰这一奇怪之处,对此解释说存在一个真实的物质世界,它是产生感觉—印象的原因,可以使人们产生大致相同的印象。

但是,这压根就不算任何解释,只不过是把问题换句话又说了一遍,实际上是在给我们的认识徒添负担而已。对于我们观察到的两个世界 B 和 B’,衡量其一致性程度的宽泛标准应当是它们与真实世界 R 的某种对应性,也就是拿 B 与 R 的相符程度和 B’与 R 的相符程度进行比较。持此种思路的人恐怕都忘记了,R 从未被观察到过。没有人能感知两个世界,一个是观察到的,另一个是“真实的”,因而谁都没有资格比较两者在结构上的相似度。那么,尽管 R 并未被观察到,能否合理地假设它存在?在前文当中我已经努力说明,这一假设的代价是如此之高。但是不管怎样,就算承认 R 存在,我们也完全没法把它和其他任何事情联系起来。所以,如果愿意,你完全可以说有两个经验世界(你的和我的)是一致的,因为二者是由同一个模具用相似的材料以相似的方式塑造出来的(顺便说一下,这是一个非常奇特的超限归纳的结论,自成一格);但对实证主义者来说,核心问题在于:我们两人又是如何都认识到这种一致性的呢?对此,关于实在的空洞的假设毫无用处。不过,就像这些个人世界本身那样,对一致性的认识也确实真实存在。我们想知道它到底从哪里来。这才是一个有效的问题:两个个人世界显然是而且也将一直是个人的,我们如何才能知道它们大体上是一致的呢?

直接比较是行不通的，没有那样的途径。如果我们放任现有的那些差强人意的解释，就必然会被事态的纷繁复杂深深困扰。

可能有人不禁想尖锐地反驳这一做法，认为此举太过愚笨：只要是就外部世界而言，一个意识领域中的内容和另一个意识领域中的内容之间难道不是存在着极其严格的，甚至在很小的细节上的对应么？也罢也罢。那么，到底由谁来建立这种对应关系呢？

建立这种对应关系的其实是语言，包括所有的表达方式——手势、抓住另一个人、用手指指等，虽然它们中没有一项能够打破不同意识领域间不可撼动的绝对分隔。语言，乃至日常语言的突出重要性显而易见（路德维希·维特根斯坦[①]之语）。接下来我也许应该说一说下面这个陈词滥调：我们对其他人人格的认识，是通过类推得出的结论。这个说法最多只对了一半：婴儿的整个世界就是母亲的微笑，当他在母亲的脸上友善地拍打一小下时，他所做的肯定不是类推的结果。当然，有一点倒是真的：任何一个人的所谓世界图景，其实只有一个很小的片段是来自于他自己的感觉和知觉，更大的部分则来自其他人的经验，亦即源自与其他人的交流（在与他人的交流中，最重要的往往不是人与人之间的直接交流，而是人们与各种文字载体所保留的文字进行的间接交流）。

一个知识理论最为困难的——如果不是唯一的——任务，就是在坚持丝毫不破坏我们此前已经多次提到的意识的个人性和分隔性这一前提下（因为这是不可能的），从源头上去揭示相互理解的途径是如何建立的。有了这样的认识，才可能建立起

① 译注：路德维希·维特根斯坦（Ludwig Wittgenstein，1889—1951），出生于奥地利，英国籍哲学家、数理逻辑学家，主要研究领域为数学哲学、精神哲学、语言哲学等。

某种图景来描绘语言的真正生成过程以及它是如何发展成雅典希腊语那么完美的程度;图景的具体细节一开始并不重要。我们在认识上取得的第一个进展当中,最重要的就是意志向他人人格的内向投射;语言在最初产生时必然不是用来传递知识的,而多多少少是为了粗鲁而直接地表达欲望——惊呼、求助、命令、警告和威胁等。

对于我们只能用类推的方式(即通过形状和行为的相似性)去理解甚至仅仅是猜测其他人的人格这种说法,我想更细致地说明一下为什么我认为不正确。小孩子不仅会认为他母亲和周围其他人有人格,而且常常会以为那些与之形成亲密友谊的动物,甚至是周围环境中的物品也有人格——若是被桌角弄疼了,他也会去打它。外形或行为的相似性几乎无关紧要。他会为花瓶中枯萎的花朵感到悲伤——我们也一样。总的来讲,似乎恰恰要反过来看才更加合适:人会很自然地将环境视作有意志、有意识地去感受的活物。正如我们从史前时期和历史中所看到的,人类将真正无感觉之物从活物中分辨出来的过程是逐渐的;而且,像苏格拉底那样自认为聪明出众的人,甚至会小题大做。不但原始人会将灵魂赋予雷暴和木偶,连文明的希腊人也想象着自然物中栖居着生灵,至少是传说中的生灵:

这些高峰上住满了山岳女神,
每一棵树里都有森林女神栖居,
在那水泽女神的泉水中,
泛着一股股银色的泡沫。

雷声和闪电被认为是宙斯盛怒的表现,总能使人们感受到其庄严崇高。就连希腊哲学中最古老的爱奥尼亚学派,一个在许多方面最实事求是、不会装神弄鬼的学派，在古代甚至被称为物活论者，因为他们认为所有的物质都有生命——当然，不一定都要达到“有灵魂”的程度。

那么，我们应该如何严肃地区分（有感觉的）生命和非生命呢？如果能合理地解答这一点，就抓住了回答前面那个问题的关键：如何才能在意识被密不透风地封闭于个体之中的情况下，去克服意识领域的分隔性和个人性这一残酷的既定事实，来达成彼此之间的理解并进而达到文明人之间的那种完整和细致的程度呢？乍看之下，这似乎和在发现罗塞塔石碑[①]之前破译古埃及文档一样不可能。

有人曾说，能够自己移动的东西都是有生命的。这个定义不仅对我们来说没有用，还欺骗了柏拉图和亚里士多德，比如说使他们误以为天体都是神。而不同意这一观点的阿那克萨戈拉[②]，若不是被他的友人兼学生伯里克利[③]及时从监狱中解救出来并成功逃脱，则会为自己的观点付出巨大的代价。众所周知，在雅典辉煌的民主共和政体中，所有人都是平等的（除了那些社会等级低至奴隶的人之外，虽然实际上是这些人用劳动维持着整个城邦）——然而，这个共和制典范对那些思想清晰并畅所欲言的人来说并非毫无危险（这个说法并不真正适用于柏拉图和

① 译注：也译作罗塞达碑（Rosetta Stone），高 1.14 米，宽 0.73 米，制作于公元前 196 年，刻有古埃及国王托勒密五世登基的诏书。石碑上用希腊文字、古埃及文字和当时的通俗体文字刻了同样的内容，因而近代的考古学家有可能对照各语言版本的内容，解读出已经失传千余年的埃及象形文之意义与结构。

② 译注：阿那克萨戈拉（Anaxagoras，约前 500—约前 428），古希腊哲学家、原子唯物论的思想先驱。由于他的学说否认天体是神圣的，违反了传统宗教和神话的主张，因此被指控亵渎神圣，幸而得到伯里克利的调解而免于丧命。

③ 译注：伯里克利（Pericles，约前 495—约前 429），古希腊奴隶主民主政治杰出的代表者，古代世界著名的政治家之一。

死于埃维厄岛流放中的亚里士多德[①])。当然,这里只是顺便提一下而已。

在我看来,情形是这样的:一个人会先认识到自己的身体是外部世界中唯一一具在多数情况下都可以自如控制其行为的身体。换一个更好的说法就是,只要他想或者大致想要进行某些动作,那么他都能在一定程度上确切地预先知晓这个身体所发出的动作。如果他用可自由运动的身体部位(通常是他的手)触碰到某物体时,该物体没有产生可预测的运动(也就是那些他业已熟悉的、在某些情境下显然是由他的手引起的运动,如物体被推开、被扫到桌下、被抛到空中等),那么他就会认为这个物体是有感觉的、有生命的。必须紧接着补充一句,这种"生命性测试"也会用到许多其他的方式,而不局限于仅仅通过接触。其中下列方式可能是最常见的:在被测试对象的眼前(如果它看起来有眼睛的话)挥手或挥动手中抓的东西,对它喊叫或吹口哨。上述每一种情况下,预示着生命的迹象可能是一个声音,也可能是颜色或形状的改变等。

刚刚说的这些可能过于简单和琐碎,但在我看来,重要的是意识到这些东西有可能在语言学上达成一种最广义的认识,包括形成第二自我,尽管一个人不可能从根本上超越自己的意识局限。现在接着来考察这种语言学认识如何得以形成。为了简单起见,在此仅讨论对我们而言最重要的情形:有另外一个身体与某一个体自己的身体在构造上极为相似;换言之,这两个个

---

① 译注:亚历山大大帝死后,亚里士多德被指控犯有亵渎和蔑视宗教的罪名,因而被最高法院判处死刑。在获得这一判决消息时他已隐居在埃维厄岛上。他从这座孤岛上跳入厄里帕海峡自杀身亡,该海峡以水流每日多次改变方向的奇异现象而闻名。据一些学者的推断,亚里士多德是因为找不到这一水流奇异现象的解释才投水自杀的,他当时说道:"愿厄里帕的水吞没我吧,因为我无法理解它。"

体如出一辙，尤其是两者都是人类。那么可以观察到，该个体自己的身体做出某个或数个动作（或发出声音等）时，另一个身体也总是会同时做出相应的（或同等的）特定动作，或许还会有第三个动作。所谓的模仿本能在这里扮演了一个重要角色。这种“另一个怎么做我就怎么做”的现象在儿童、猴子甚至是成年人那里都经常能观察到。从小的方面讲，着装和打扮的潮流每年都有变化；长远地说，说话方式的改变则为语言的逐步变迁提供了条件。这里没有必要去追问这种模仿倾向背后的缘由。这一倾向很容易使该个体自己的身体和另外那个身体的两种（或两组）动作非常相似，例如，通过接触的方式引起注意之后，它们都会用手指指向那个“汪汪”叫的第三者（狗）。

第一，要对此作几点评注。个体在这里要认识到一种同时性，这具有根本的重要性，甚至在确认其身体在环境中的位置时也是如此。通过某一时刻所同时看到、触摸到或者听到的内容，我们会在意识中形成一个整合起来的空间，我们身体的各个部分和环境中的其他物体就处于这个空间当中。为了避免细节过多的长篇大论，我是在一般意义上使用“环境”这个词的，尽管我把个体自己的身体也作为环境之一部分的说法使得它实际上没有什么东西可“环”的（就算把这个词换成“周围的世界”也同样如此）。第二，我认为，像“汪汪”以及儿语中的那些词，原始语言中像 beri-beri，tom-tom，tsetse 等的词，甚至印欧动词中的那些叠词，还有头韵、腹韵和尾韵中所带有的愉悦感，都见证了一种重复声音的倾向，这些情况中的声音都是个体自己发出的。第三,我认为,据说很成功的贝立兹语言教学法[①]也多多少少遵循了上述的大体框架,它避免了以学生和老师已知的、关于其他语言的任何常识为基础。第四,儿童无疑是遵循贝立兹法习得母语的,通常是从母亲和年长的兄弟姐妹那里。

几乎不可能通过对语言进行任何的历史性研究来追踪我们愈发精准的语言理解是如何由原始的模仿倾向历经数代后达成的。因为显然,语言必定要在那些我们迫切想要了解的事物最开始和最早期阶段之后的很久才会形成。大体上,人类文化的历史也同样如此。但是,举个例子,就像我们从新几内亚那些代表着石器时代的现存居民当中所发现的一样,人种志学者研究的那些语言也处在差别很大的发展水平,尽管石器时代已是久远的过去。就我个人所稍微了解的甚至是道听途说来的几门语言来讲,让我印象最深刻的是那些受人敬仰的古老语言往往有着最复杂而非最简单的语法,如梵文、希腊语、阿拉伯语和希伯来语。然而,显然是所有语言中最先进的英语却只有少得可怜的几条规则。一方面,任何一个没受过什么教育的外国人都可以轻而易举地听懂并且多多少少夹杂着说一些英语。另一方面,整个英国国内却也只有少数几个伟大的头脑能够用清楚明白、易于理解且使读者或听众感到愉悦的英语来表达自己,比如查尔斯·谢灵顿爵士[②]、伯特兰·罗素爵士和吉尔伯特·默里[③]。

---

① 译注:由德裔语言学家马克西米利安·贝立兹(Maximilian Berlitz,1852—1921)于1877年提出来的教学法,主要理念是在学习中将语言作为一种交流工具来使用,而非传统的语法教学。它坚持教学全程使用单一语言,强调学生参与。该教学法在法国巴黎世博会等场合先后获得多次褒奖和学术大奖。

② 译注:查尔斯·谢灵顿(Charles Sherrington,1857—1952),英国神经生理学家、组织学家、细菌学家和病理学家。

③ 译注:吉尔伯特·默里(Gilbert Murray,1866—1957),英国著名古典学家,尤以古希腊语言和文化研究而知名。

不过，通过与一个儿童如何从母亲和家人那里习得母语的过程进行对比，也许仍然是我们探究语言起源的一个良机。其中的道理就像一个胚胎从受精卵开始的发育过程能够在某种程度上呈现物种进化的系统发育过程一样，尽管这个比拟不是那么的精确。成年人用贝立兹教学法学习语言可以视作这方面的一个实验，这和达尔文自己通过长期饲养狗、鸽子、马以及栽种郁金香来阐释或支持他的自然选择理论是一样的道理。但是，接受贝立兹教学法的学生当然不是白纸一张。他早已知道自己和同学、老师以及其他的人类都生活在同一个世界里。他已经掌握了至少一门语言，通常也知道这门语言是怎么回事儿，起码对它是有概念的。此外，他正在学习的语言通常和他已经习得的语言至少有着本质上相同的语法结构，就算是匈牙利语和阿拉伯语，或者阿拉伯语和瑞典语。（伯特兰·罗素曾经指出——我认为他的观点很到位——所有经过高度发展的语言所共有的那些句子结构，比如主语、谓语、直接宾语和间接宾语这样的表达，可能会导致哲学上的偏见。这种偏见不仅应该对极为顽固的、挥之不去的实体与偶性[①]的教条负责，还导致了对自然进行观察时的主客体分离。近几十年来，一种神秘的光环被赋予了这种主客二分的观念，更确切地说是被赋予了这些年来被认为是新发现的、神秘的反主客二分的观点。也正是这种偏见，使不可分辨事物的同一性原则[②]得以重获新生。这一原则被认为蕴

① 译注：康德所说的知性十二先验范畴中的实体性范畴，指实体与实体的偶然属性。

② 译注：又称“莱布尼茨原则”，由哲学家莱布尼茨提出，指如果两个东西共同具有一切相关性质，那么它们只能是同一个事物，而不可能是不同的事物。

含着一个更加深层次的原理,即泡利不相容原理[1],它与狄拉克提出的一个更为一般的命题应该说是十分相近的。除了上面提到的这些,无疑还有更多的后果可以归结为这种偏见。)

在这里对语言的早期发展(即不同个体借由语言达到的相互理解程度是如何逐步提高的)肆意进行天马行空的想象并没有多少实际意义。最近我读到了一个令我印象极其深刻的观点,在这里必须提一下,但遗憾的是我已记不得作者或出处了。[2] 该观点认为,语言最早的源头可以追溯到无意识地尝试通过舌头、下颌等对外界事物进行模仿和利用这些言语器官处于某个位置(或者动作状态)时发出声音。这是对拟声法的一个大胆概括,拟声法的观念在语文学中早已被接受(相关词语如飒飒、嘶嘶、嚎等;希伯来语"beelzebul"=苍蝇王;意大利语"zanzara"=蚊子)。这种概括就在于把尝试性模仿不仅用于分析声音,也应用于一个事件的其他特征,比如上下移动、穿透、限制、解除限制、将某物十字交叉放置、猛然行动或轻柔缓慢地行动。在这一点上我们很容易欺骗自己。许多情况下,目前仍在使用中的一些词语似乎都符合该理论,但它们背后其实都有相当长的发展历史。比如德语中紧和松、僵硬与柔软(分别为 fest 和 lose,starr 和 weich)这些成对的反义词,如果把它们的意思与词语反过来,听起来就不那么恰当;英语中的停(stop)与走(go)这对反义词(基本上国际通用)也是如此,前一个词的元音发音短促,而后一个词(对应着绿灯)则是拖得比较长的双元音。

---

① 译注:又称泡利原理、不相容原理(Pauli exclusion principle),微观粒子运动的基本规律之一。它指出原子中不可能有两个或两个以上的电子具有完全相同的四个量子数,即同一原子轨道上的两个电子自旋方向相反。它与能量最低原理、洪特规则一起成为电子在核外排布形成周期性从而解释元素周期表的准则。

② 或许可以参见 R. A. S. Paget,'Origin of Language',*Science News*,1951(20):77。

不管怎样，我认为一个人想要自己模仿从他人那里听到的声音或看到的其他活动的冲动，构成了人与人之间相互理解的基础、语言发展的基础，还有我们形成生活在同一个世界里的意识的基础。我们就像是彼此的镜子，从对方那里看到自己，不过是延伸意义上的自己。因为真正的镜子虽可以重现动作但不能模仿声音，而且镜子里的影像也无法抓住，然而我们这个“延伸”的镜像则像我们自己的身体一样温热。一只野兔从灌木丛中蹿出来跑掉了，我和我旁边的那个人都会抬起手臂指着这个移动的东西，而且可能都会习惯性地、不约而同地发出同样的声音——比方说，“嗯”。这使我意识到，那个“嗯”并不仅限于我，也同时属于他。如果跑出来的是一只熊或者大猩猩，我们便会发出其他的声音表示关注和反应。那些在我们的人格中“一劳永逸”的记忆在这一切当中起了决定性作用。我认为这是理所当然的，不必再详加分析。我也不想把共同体感觉的形成追溯到语言，进而断言傍晚时分在树上叽叽喳喳的八哥，还有那些长途迁徙的鸟、蜜蜂和农场里的家禽们等都还没有认识到自己和同伴们生活在同一个世界里。相反，它们在这方面要比我们人类中许多可怜的独断专行的自我主义者进步得多。但是，人们敢于——而且仍然希望被认真对待——自负地宣称人类是唯一拥有语言的物种的时代早已经过去了。

我们在前文中讨论的出发点是这样一种疑虑：面对各个意识领域坚不可摧的分隔性及其完全互不相容、密不透风的情形，是否有可能在各种不同的经验当中找出相似的甚至几乎一样的某些特定部分(那个部分叫作“外部”)呢？另一方面，一旦把握到了认识这一点的可能性，并且足够幸运地发现从我们已掌握的语言中获得这种认识的途径，我们就立刻会倾向于高估这种认识的准确性并忘记其不可避免的局限。昨天，我读到一本备受推崇的现代高地德语[①]语法书，书中第一页的第一段讲的是“语言的概念与性质”，其中有一句写道：“词语由清晰的……声音构成，说话者通过声音来传达相应的思想并被听者所理解。”我不禁用铅笔在页面边缘写道，“并不尽然”。我对这一相当狭隘的定义不以为然，它没有考虑到因为、虽然、尽管、没有这一类词语。该书第二页的第二段论述的应该是语言的起源，当我读到“因而，思想是语言的基础和前提”（Karlsuhe：Friedrich Blatz，1895）这一简洁的论断时，我在页边处写下了同样的评语。玻尔兹曼有一篇文章与我们当前的主题密切相关[②]，文章开头讲述了他在大学图书馆借阅一本哲学书（他想借的是大卫·休谟的著作）的故事。他非常失望地发现，那本书只能借到他读不懂的英文版本。路德维希（即玻尔兹曼）那时有一个设想，即所有的概念在第一次提出的时候就应当得到完全准确的定义。当时他的弟弟与他交往甚密，常常与他争论这一设想的必要性和可能性。他的弟弟宣称这种想法是无法达到的。顺便提一下，这位伟大的物理学家从未放弃过这个想法（尽管在这个例子中他失败了），并且一直在尽可能地去接近它。但是，路德维希借书时的失望正好使他弟弟抓住机会精明而尖锐地嘲讽道：“如果这本书达到了你的设想，那语言根本就不是问题——因为在你开始阅读之前，每一个词就都已经得到了清晰的界定。”顺便说一句，要么是玻尔兹曼没有读懂作者（休谟），要么就是有人在开他的玩笑。因为，不管是在这位苏格兰人所属的那

① 译注：德语可分为高地德语和低地德语。高地德语是现代德语的主体，也是通用的书面语。

② Wiener Berichte，106(2a)，1897，83. 同时也发表在路德维希·玻尔兹曼那些流行的作品中，no. 12 (Leipzig：J. A. Barth，1905)，“论无生命的自然界中事物的客观存在性问题”(On the problem of the objective existence of events in inanimate nature)。

群深刻的思想家们当中，还是在上一个时代的、其作品仍被普遍传阅的作家当中，我从来没有遇到过任何一个人能够像大卫·休谟那样举重若轻、行云流水般地分析推理——我几乎想用“娓娓道来”这个词了，他的每一项论证都如此简单易懂。他所有的语言都不言自明，像孩子般自信，完全不需要那些令人费解且难以记忆的定义。即使他有些词语在他那里的用法要比日常语言中的更为微妙，只要把这些词放在恰当的语境中便不难理解。换言之，句法比词汇更为重要。借用歌德的话来说就是：

纵无技巧，清晰的智慧和感悟
也能自我流露；
如果你心有所感而诚然发声，
又何必咬文嚼字？[①]

我的朋友约翰·辛格[②]教授是一位极有意思、极为健谈的人，也是一位数学家。他为大众读者写了一本名为《科学：道理和胡说》（*Science*：*Sense and Nonsense*，London：Jonathan Cape，1951）的书。该书第一章叫作“恶性循环”，他用所谓的“循环论证”（circulusvitiosus）对那些单语种的词典比如《简明牛津词典》开了个小玩笑。当然，他并不是要否定这类词典对于已了解该语言的读者的极大用处。不妨用这类词典去查一个单词，词典里会用另外三个、四个或五个同语种的单词去解释它，然后接着用同一部字典去查这些单词中的每一个。由于词典中所收录的单词数量有限，如果一直重复上面的操作，那么一个单

① 出自歌德的《浮士德》第一幕，由贝亚德·泰勒(Bayard Taylor)翻译。

② 译注：约翰·辛格(John Lighton Synge，1897—1995)，爱尔兰数学家和物理学家。

词的解释早晚会追溯到它自身。如果去实际操作一下,就会发现有时只需很少几个回合就会出现这种情况。这就立即显示出,最开始那个单词的释义在逻辑上是不合理的。也就是说,这本总体上颇有价值的词典当中每一个词条在严格的逻辑意义上都是有缺陷的。换一种语言或者——说来可怕——用图片来解释,可以说是词典编纂规则所不允许的。另一位幽默的作家在西班牙皇家语言学院的词典中也开了一个玩笑。为了解释西班牙语中的"狗"(perro)一词,他专门引述了一种完全成熟的、在奥地利方言中被称为"Haxelheben"的雄性动物的习性,并与另一种常见的家养动物——猫——进行了对比。此举当然也是为了显示这种做法的迂腐。当然,开这个玩笑也必须在一定程度上一本正经地卖弄下学问才行:……后腿,雄性排尿时通常会抬起来的腿。[1]

理解之局限

上述关于人与人之间如何达成相互理解并认识到"我们都生活在同一个世界中"的描述或许有些过于泛泛而谈而且穿插了过多的逸闻趣事。但我认为,我们必须接受这个描述反映的事实,即便对那些认为否认我们所共有的这个世界的"实在性"是一个离经叛道的想法的人来说也如此。如果认同这一描述,我们便不必再纠缠"实在性"的问题,除非必须讨论不可。"实在""存在"等这一类词都是空话。我最关心的是:假如你确实认为有必要把我们经验中有一部分内容(所谓的"外部")是共有的这一情形,理解为是同一个模具应用于相似的"可塑表面"所产生的类似结构,那么你依然不能指望这样就可以解释或者确

① 译注:原文为西班牙语,讽刺卖弄学问、把问题复杂化。

保我们会产生外部世界是共有的这种意识。如果你假定存在着一个真实的外部世界,它是使我们产生感觉的动因,又相应地可以被我们的自主行为影响(我建议最好不要有后面这种想法),就会陷入如下危险:从寻求对共有经验的合理解释滑向将我们对共有经验的认知视为不证自明的、必然的和完整的,从而不再关心其起源及可达到的完整程度。这么做显然不对,这不单单是语言表述方式的问题。

人们常说,关于自然界的知识永远不可能达成其目标,我们不必问一个理论是否需要修正,而只需问朝何种方向修正。如莱辛[①]所言,脑力劳动的乐趣不在于最终目标的达成,而在于朝着一个始终高悬于前方的理想不断奋斗的过程。不过,就所谓的精确科学而言,主流的观点也许是,我们永远不可能在心智上达成对自然图景的完整重构。我们在此还想表明和主张的是,人们不可能确定无疑、毫不含糊地理解彼此;我们只能不断朝着这个目标前进,但永远不可能达到。单就这一个理由来说,建立精确科学实际上从来就是不可能之事。我们可以从散文或简单的无韵诗歌的译文在准确性和优雅性方面存在严重局限一事中,找到对上述意思的一个相当准确但也许有些过于牵强的类比。像莎士比亚的戏剧和《圣经》这样一些重要文本的翻译已经经历了数代人的不懈努力,但每一代人都会对前人的工作有所不满——当然,这也部分地受到了译入语本身也在快速地不断变迁的影响。(在我小的时候,英语词汇 bath 和 bathe 分别对应的是德语中的名词 bad 和动词 baden;但如今这两个英文单词分别都能代表这两个德语词了,只不过第一个英文单词指的是在一个大盆里洗澡,而第二个词则是说在河里或游泳池里游

① 译注:戈特霍尔德·埃夫莱姆·莱辛(Gotthold Ephraim Lessing,1729—1781),德国启蒙运动时期最重要的剧作家和文艺理论家之一。

泳。一千年以前的口头的和书面的德语——我指的是德语而非哥特语——如果不借助一部词典或《现代高地德语》的翻译,今天已根本无法理解。)前文提到,这个类比比较准确但可能太过牵强。为什么会过于牵强呢?因为如之前所说,能让我们产生兴趣的语言大多数都有着非常相似的结构。我曾经见过《道德经》的两个德语译本。在我的记忆中,只有从某些边边角角才能辨认出这两本书原来都是关于同一本中国小书的。(这里的"小"并非贬义词。任何一个想以此开玩笑的人都不免为这篇著名经典的简洁有力而惊叹一番。据说这本书是老子在等待通关放行时写成的。)

就感觉—认知的某些特定性质而言,人与人之间要达成相互理解具有几乎不可逾越的障碍,即使双方都受过最高程度的教育。不过,这一点并没有那么重要,由于此前已备受关注,所以在此无须过多讨论。通常被问及的一个问题是,例如:"你所看到的草地的绿色,与我所看到的是丝毫不差的吗?"这个问题根本无法回答,我们甚至可以质疑这种提问是否有意义。二色视者[①](通常被不那么准确地描述为部分色盲或红绿色盲)所看到的光谱呈现出来的颜色带,与正常的三色视者所看到的、由两种互补色光(不是颜料!)A和B在哑光的白色表面形成的各种混合色光(从纯粹的A色光经中间的灰色过渡到纯粹的B色光),具有完全相同的复杂程度。这是可以客观证实的。但是,相比于正常三色视者的颜色感知,二色视者如何看到光谱最外两端的红色和紫色的可见光,当然是无法确证的。理论上的假设是——如果不把这种原则上无法证实的情况仅仅视为奇谈怪论的话——二色视者在长波(红光)端看到的是深黄色,其颜色

① 译注:二色视者又称色弱,只能看见光学三原色中的二种,会混淆某些颜色。

逐渐变浅至中间点(灰色),再往后则是逐渐加深的蓝色。一个单侧眼睛为二色视力,而另一侧为正常三色视力(这可以得到客观证实)的年轻人的情况确证了这一假设——当然,这种确证完全有赖于我们对于当事人是否告知了实情的信心。(注:我两次使用了"客观证实"这个表达——的确,这些发现的证实当然取决于试验对象自己报告说某些混合光看起来十分相似,但这些案例中的试验对象都可以接受交叉检验。每一个案例中都会执行这一措施,以获得更加准确的测量结果,因而,不管是有意的还是无意的不实报告都能被发现,说结果是"客观的"也就言之成理了。)

我自己并不擅长音乐,按理说不应该把发声辨音这方面的问题拿来讨论。但我认为其中的道理跟前面是一回事。我们都能毫无争议地辨识出马匹嘶鸣、雨水滴答、锡罐揭开或者椋鸟叽喳;我们可以区分钢琴独奏和大提琴独奏;懂音乐的人在听到某些特定的交响乐时会产生相似的情感体验,并在一定程度上理解彼此;那些掌握绝对音高的人听到同一个声音时都会给出相同的音名——这些事实并不能揭示出声音感知和颜色感知有何区别,就我们讨论的问题而言两者无疑可以同等对待。不过我们知道,听觉与视觉有两个本质区别:首先,有可能根据是否出现泛音(不一定要是和谐泛音)及其强度对一个单音做出非常准确的分析,尤其是对那些有经验的人来说;此外,不存在声音合成,也即一个单音不能由数种纯音混合而得到。而另一方面,某一种颜色却通常可以通过光谱中多种多样的纯色光进行组合而丝毫不差地制造出来,这种颜色合成在关于颜色感知的研究中有着重要作用。在光谱(从红色至绿色)的长波端,甚至一些纯色光也能通过混合该色光两侧的其他纯色光而得到(例如,红色加绿色得到黄色),而且肉眼无法分辨。以上是这两种感官的第一个巨大差异。另一个差异是：我们的眼睛能够非常敏锐地区分出不同方向的光线，这一本领可以说是对视觉在感受光线质量方面缺乏精细度的一个补偿。这是我们视野开阔的缘由所在，它从二维开始向外拓展，主要通过双眼视野与触觉的配合而形成真正的三维视觉空间。对于声音而言，“方向性听觉”尽管不是完全没有，但与“方向性视觉”比起来十分不发达，而且似乎还需要双耳的共同配合。

这里我不禁想说一说昆虫所具有的极为不同的视觉特点，尽管它与我们的主题并没有那么密切的联系。卡尔·冯·弗里希[①]在过去40年里一直致力于相关研究[②]，以蜜蜂为主要对象不懈地进行了一系列杰出的实验。我们很早就认识到，由于昆虫的眼球具有无数个“小眼”，其视觉中对光线方向的辨认与人类十分不同。蜜蜂和我们一样也是三原色视者，但是它们的可见光区域宽达紫外线，以至于很容易假定我们的整个可见光区域只相当于它们的二原色视野，正如以纯的黄色光为“中间点”的长波区域(从红光到绿光)事实上相当于我们自己的二原色视野。冯·弗里希还证实，那种依据空间的不同位置和一天中的不同时刻有规律而又异常复杂地变化着的偏振光，对于蜜蜂而言是一种非常重要的生物学定位工具。我们人类完全意识不到这种变化，但是蜜蜂却能凭借其复眼感知到。更令我感到惊讶的是，蜜蜂和苍蝇的眼睛每秒能够接收200多个相互独立的图像，而我们最多不过20个。“怪不得苍蝇通常可以逃脱呼啸而来的巴掌，”弗里希写道，“因为我们的手部动作在它眼里都是慢

① 译注：卡尔·冯·弗里希(Karl von Frisch，1886—1982)，奥地利动物学家、昆虫感觉生理和行为生态学创始人。

② See, for example, K. von Frisch, “How Insects Look at the World”, *Studium Generale*, Ⅹ(1957), 204; “Insects—Lords of the Eartth”, *Naturwissenschaftliche Rundschau* (October 1959), p. 369.

动作。”

现在来说点其他的。如果被问及是否会把五个单元音和任何特定的颜色关联起来，大多数人都会泰然处之，尽管这个问题显得无厘头。但是他们给出的关联方式会各不相同。对我来说，相应的组合是：a—发白的浅棕色，e—白色，i—强烈而明亮的蓝色，o—黑色，u—巧克力棕色。我认为这种组合关系是永恒的；不过这很可能无关紧要。任何关于“谁是对的”的讨论都毫无意义。

以上关于感觉—知觉的数段论述，所要表达的意思或许可以总结如下：借助于感觉，我们至多能把握世界的结构，而不可能理解组成它的各个单元的性质。由此出发，可以引出一系列我认为十分重要的观点。

首先，人们的相互理解程度的局限并不会特别恼人。几乎可以说，只要能够就世界的结构顺利地达成明确的共识，相互理解的问题也就不重要了。因为结构才是我们真正的兴趣所在，不管是从纯粹的生物学角度来说，还是就关于知识的理论而言。我的第二个看法是，正因为人与人的相互理解仅限于结构这一特点并不仅仅只适用于我们通过感觉对世界进行把握的领域，而且实际上也适用于我们所希望交流的一切，尤其是更高层次的科学和最高层次的哲学上这类思想形式，所以上面提到的那一点尤为正确。其中一个例子——只是举个例子而已——可以用数学中的公理性推导过程来说明。它由一系列关于某些基本元素（例如自然数、点、直线、平面……）的、不加证明的基本命题（公理）之间的推断所构成。例如，“每一个自然数都有且只有一个相邻的、递增的数”和“通过两个不同的点总是有且只有一条直线”。从这些公理出发，所有的（或部分的）数学命题都可以逻辑地推导出来，它们的有效性并不受那些基本元素的视觉表征的影响，而且与相应的公理看起来是否正确、有意义也没有关系(只要命题当中没有矛盾即可，不过要证明这一点通常并不容易)。

射影平面几何[1]中有一个尤为清晰和简单的例子与此相关。它的两个基本元素是点和直线，一个基本概念是某一个元素和另一个非同类元素之间的对应关系(某一个点对应其所在的一条直线，或反之，某一条直线对应它穿过的一点)。其中的两条公理是，同一类的两个不同元素总是能且只能同时对应另一类当中的一个元素。[2] 另外四条公理除了关于这两类元素的表述同样也是对称的之外，与我们的主题就不那么相关了。它们规定：如果同一类的三个元素与另一类中的一个元素相对应，那么在符合同样条件的前一类元素中，存在着一个元素可以独特地定义为前三者的调和共轭(这里的实际意思是什么并不重要，关键是增加了一个调和的第四元素之后，所有四个元素中的每一个都同样是其他三个元素的调和共轭)；最后，与上述四个调和元素中的任何一个相对应的四个第二类元素，如果它们都与第一类元素中的第五个元素相对应，那么它们也是调和的。如果用“直线”代替“第一类元素”，用“点”代替“第二类元素”，或反之，那么上述语句要容易理解一些。由于这类命题所依据的所有公理都具有完美的对称性，因而在任何一个推导正确的射影平面几何命题中，“点”和“直线”总是可以相互替换的，且所得到的命题仍然是正确的。这也就是由公理逻辑推演而来的、所谓的对偶命题。同一组对偶命题的图示通常差别很大；而命题

① 译注：也称投影几何。

② 译注：即“两个不同的点能够同时对应且只能对应一条直线(或，通过不同的两点只有一条直线)”和“两条不同的直线能够对应且只能对应同一个点(或，两条不同的直线只有一个交点)”。

本身则常常是由不同的思想家在不同时期相对独立地发现的，彼时它们的对偶性还未被认识到，例如帕斯卡线[①]和布列安桑点。[②]

这个几何学的例子也是我想就这个主题所说的第三个看法：无论是通过感觉把握的东西，还是精神上的建构，重要的是其结构而非具体内容；只有对于后者，我们才有可能以某种形式去衡量对它的理解是否可靠。这对前者来说是不可能的。下面谈我的第四点看法。

即便到了今天，我们也会发现有一个“传统的”看法无处不在地潜伏着，尤其是在年轻人的教科书中——显然是因为它们向来就不够严谨准确。这个传统的看法就是，通过感觉感知到的环境（因其被感知到，最好将它视作真实存在）中，我们可以简单便捷地区分出两种性质：第一性和第二性。前者涉及形状、相对位置和运动，后者则与其他一切性质有关。对于第一组性质，我们可以完全相信自己的感官；余下的其他性质，则是我们按照自己的看法有选择地增设的。如果拿画画做个类比，这就相当于有人把已经画好轮廓的画拿过来，我们只要用水彩笔按照自己的喜好涂上颜色就可以了，就像小孩子填涂填色本一样。

对这一看法的攻击始于莱布尼茨，但是让它销声匿迹却很难。最好不要试图证明它是错的——这几乎是毫无收效的；要否证它，其难度不亚于去否证在那银河系外星云中一处特别的地方，有一些长得像人一样、带着翅膀、穿着白色长袍的生灵在奏着美妙的音乐，享受天伦之乐。[③] 这两种情形下，论证的责任

---

① 译注：根据帕斯卡定理，圆锥曲线的内接六边形其三条对边的交点共线，即帕斯卡线。

② 译注：根据布列安桑定理，圆锥曲线外切六边形的三条对角线共点，即布列安桑点。

③ 卢克莱修就奥林匹斯诸神表达过类似的说法，伊壁鸠鲁可能也说过。

都应该由这些奇谈怪论的拥护者们来承担。没有理由认为我们对环境中的形状和运动所形成的认知要比那些对颜色、声音和热度等的认知应该更牢固地附属于一个“真实存在”的物质世界。这两类性质都真实存在于我们的感官之中。所有情况下的相互理解,都同样地限于对结构方面的理解。

那么现在的问题是,怎样理解为何在几乎所有人那里(在很大程度上动物也是),他们所理解的环境都具有多多少少一致的结构呢?例如,如果一个人在路上骑着马,遇到前方突然起火或出现一道深沟,那么他的马匹也会像他自己一样因受惊而后退。这样的例子还可以举出千千万万个。如果不想将物质世界视为人们之所以达成这种完全一致性的共同原因,那么我们是不是得把那些反复发生、从不出错的事件(除了那些在梦境和幻觉中的事件)仅仅看作是奇迹呢?

并非如此。不完全如此。

同一性的信条:光与影

行文至此,我觉得有必要先声明一下,在论述本节的观点时我没有像前文那样注重逻辑效力,而是更多地强调了其在伦理上的重要性。首先,我将大方地承认从现在开始,我非但不会拒斥形而上学甚至是神秘主义,反而会将其作为后续讨论中必不可少的一部分。当然,我非常清楚,单单是这个表态就足以招致理性主义者们,尤其是大多数我那些从事科学研究的同事们的猛烈攻击。我从这些批评者那里所能预期的最乐观的情形也就是,他们带着些许嘲讽,微笑着对我说:“我亲爱的同事,可不要将那种观点强加给我们。你懂的,这只会让我们比以往更加坚定地偏向这个如此显然的解释:物质世界才是我们共有经验的原因。它不是人为捏造的，不管是谁都容易接受，它**完全没有任何形而上学或神秘主义的东西在里面**。”

针对这一假想的攻击，我依然会友善地反驳，或者说自卫性地反击道，上述黑体字部分的观点是错误的。在前文的各个部分中，我已经试图证明：第一点，为了解释人们广泛的共有经验而假定存在着一个物质世界，对我们意识到这一共有经验毫无帮助。这种意识都必须经由思想才能取得，有没有该假设对此都不会产生任何影响。第二点，我已经反复强调，前面所假定的物质世界和我们的经验之间的因果关联，不管是在感觉—知觉方面还是意志力方面都与现实中无疑是科学之重要部分的因果关系完全不同。这一点既无法证明也无须证明。自乔治·贝克莱(生于1685年)的工作以及大卫·休谟(生于1711年)更为清楚的论述以来，我们现在认识到甚至连科学中的因果关联也无法真正被观察到，它并不是事前的而是事后的。正是上述第一点使得物质世界之假设具有形而上学的特点，因为没有与之对应的可观察对象；第二点则使其富于神秘主义，因为它要求将两个对象(因和果)间必须基于实证的相互关系，应用于这样的对象：其中只有一个能够真正被感知和观察(知觉—感知或意志)，而另一个却仅仅是想象的产物(物质原因或物质成果)。

因此，我毫不犹豫地直接指出，认为有一个真实存在的物质世界可以解释所有人最后都会意识到我们生活在同一个经验环境中这个事实，是一种神秘主义和形而上学的看法。然而，如果有人愿意接受这个观点，那也无可厚非。这样虽然可能有些幼稚，但毕竟十分方便。不过，如此一来也会错失要旨。不管如何，持有这种观点的人绝没有权利给其他看法戴上形而上学和神秘主义的帽子，并以为自己可以免于这种“缺点”。

近代以来第一种不同的看法或许是莱布尼茨的单子论。按照我的理解,他试图将我们的经验是广泛共享的这一特性——人们如此频繁地提及它——建立在一种预先设定的和谐(也即一开始就建立起的本质相似性)之上,这种和谐存在于所有单子之内的活动过程中,而单子彼此之间没有任何影响。用现在通行的说法就是,"单子没有窗户"。各种各样的单子——人、动物以及那个独一无二的神圣单子——只有混沌程度或清晰程度的区别,单子内的相同的系列活动正是在不同的混沌/清晰程度下进行的。如果不是偶然看到弗里德里希·特奥尔多·菲舍尔[①]对此做出的一个极富洞见的评论[②],我原本是不打算引用这个理论的(作为一种关于万物的解释而言,它几乎比唯物主义还要更幼稚)。他在那极长的评述中写道:"……归根结底有且只有一个单子,即心灵,它存在于一切事物之中;单子并无复数。可以说,莱布尼茨并没有使他的理论产生什么丰硕的成果。因为,恰恰与将单子作为一个具备意识的(精神性的)协同体的看法截然相反,他所假定的是多种单子共存分立,如同许多死物般彼此毫无沟通——如此假定对我们又有何意义呢?"这些话是他在批评 H. 丁策尔[③]对各种广泛题材,包括歌德的《浮士德》所作的一个分析(Cologne,1836)时写的。

如果真的"有且只有一个单子",那么整个单子理论将变成什么样子呢? 正是吠檀多哲学(也可能是更晚一些的但无疑是

---

① 译注:弗里德里希·特奥尔多·菲舍尔(Friedrich Theodor Vischer,1807—1887),德国小说家、剧作家、诗人和艺术哲学家。

② Kritische Gänge, Ⅱ, 249, Verlag der Weissen Bücher (2nd ed., Leipzig, 1914).

③ 译注:H. 丁策尔(H. Düntzer,1813—1901),德国语文学家和文学史专家。

相对独立的巴门尼德哲学[①])。简单说来,它认为所有的生灵都同有所属,因为我们所有人事实上都是同一个存在物的不同侧面或方面,这个存在物在西方的术语里也许叫上帝,而在《奥义书》中则称为婆罗门[②]。印度教中有一个类比:一颗多面体钻石可以使一个物体,如太阳,产生许多个几乎一样的映像。我们之前已经承认,此处探讨的问题并不是逻辑演绎可以解决的,而是与神秘的形而上学有关——这和承认存在一个真实的客观世界(通常也叫作外部世界,但也包含了个体自己的身体)的想法是一个性质。

从《吠陀经》[③]中可以看到,这个说法当中充斥着怪异的婆罗门祭祀仪式和愚昧的迷信,想了解的人可以查阅一下该书最好的德文版本,即波尔·多伊森[④]的《吠陀奥义书六十种——梵文德译本》(*Sechzig Upanishads des Veda, ausdem Sanskrit übersetzt*, Leipzig: Brockhaus, 1921)和《吠陀经的神秘教义——文本选编》(*Die Geheimlehre des Veda. Ausgewählte Texte*, 5th ed., ibid. 1919)。在此我们不打算对它们作更多说明。抛开这些不管,我认为印度思想家们从这个"同一性信条"中得出的结论里真正严肃的有两条:一个是伦理学的,一个是来世论的。前者我们应当欣然采纳,而后者则必须拒斥。叔本华的著作中有一首德译本律诗,其中就包含了这个伦理学的结

① 译注:主要指巴门尼德的存在哲学,它认为真正的存在只能是在思想中加以把握的、精神的存在,感官的直接对象永远是"多",但反映在思想中却永远是"一","存在是一,一切是一,思维与存在同一"。

② 译注:婆罗门为印度种姓制度中最高的等级,主要为僧侣贵族。其他三个等级依次为刹帝利、吠舍和首陀罗。

③ 译注:《吠陀经》是印度上古时期的文献总集,是印度宗教、哲学、文学的基石。"吠陀"本义是"知""知识"。

④ 译注:波尔·多伊森(Paul Deussen,1845—1919),德国著名印度学研究者、哲学教授。

论。虽然我不确定该诗的原文是否来自《吠陀经》或《奥义书》，但它应该是本着同样的精神所写的：

Die eine höchste Gottheit
In allen Wesen stehend
Und lebend,wenn sie sterben,
Wer diese sieht,ist sehend.
Denn welcher allerorts den höchsten Gott gefunden,
Der Mann wird durch sich selbst sich selber nicht verwunden.

至高无上的神性
委身于每一个生命之中
这些生命死亡之时,它依然活着——
觅其踪迹者必将得之。
倘若能从万物中领悟到至高之上帝的存在,
便不会因自己的缘故对自身造成任何伤害。

其拉丁文为：

Qui videt ut cunctis animantibu sinsidet idem
Rex et dum pereunt,hand perit,illevidet.
Nolet enim sese dum cernit in omnibus ipsum
Ipse nocere sibi. Qua via summa patet.

(德文和拉丁文均凭记忆引用。)

这些优美的词句无须多作说明。它弘扬的最高目标就是要施与一切生灵(而不仅仅是我们人类)以仁慈和善意——这与阿尔伯特·史怀哲[①]所倡导的“敬畏生命”不谋而合。史怀哲常常强调,这一最高目标事实上无法达到,除非所有的人都绝食而死。就我所知,他是第一个将植物界也纳入普遍道德律之下的人。他不像其他人那样满足于小打小闹的素食主义——这些人往往会接着说,“在我们这么艰苦的情况下,一个人如果不承受一些健康上的损害是不可能坚持下来的”。甚至还有这样的故事,说乔达摩[②]佛陀并不反对和朋友们一起开荤——如果这些菜是他到来之前就已经备好的话,因为他吃的肉所属的那个动物并不是由于他的缘故而被宰杀的。这种态度至少可以因其坦诚而值得尊重。我相信,如果我们只有在非得亲自动手去宰杀牛犊、猪、肉牛、鹿、鱼或家禽时才能自己吃肉或者用它招待朋友,那么大多数人是可以做到食素的。在印度教中,猎人和渔民一类的职业排在“贱民”的上一等。这一事实倒不是不可理解,只不过让人觉得虚伪和可耻而已,因为印度教徒并不戒荤(佛教徒戒荤,但他们没有种姓制度)。从打猎与钓鱼中得到的乐趣,常常伴随着那些可怜的小动物精疲力竭的痛苦和万分恐惧;通过强行填喂肉鹅达数周之久以得到病态肥大而又极其美味的鹅肝,又是多么难以言表的残忍。上述行径必须受到的谴责,我们这里暂且不论。我们也不去细究那些身处对这般残忍行径泰然接受甚至默许的国家中的人,又有什么资格去热议斗牛是一种“中世纪的野蛮”呢?斗牛固然残忍,但是它远比不上(就我所了解的而言)可怜的老马们所遭受的残忍,也比不上狩猎和制作鹅

---

① 译注:阿尔伯特·史怀哲(Albert Schweitzer,1875—1965),德国著名哲学家、音乐家、神学家、医学家、人道主义者。1913年他在灾难深重的非洲加蓬建立了丛林诊所,开始其长达50年的医疗援助工作,直至去世。1915年他提出“敬畏生命”的理念,将伦理学的范围由人扩展到所有生命,成为生命伦理学的奠基人。1952年,他获得诺贝尔和平奖。

② 译注:释迦牟尼的俗姓。

肝酱的残忍。那些老弱不堪的马匹一关就是数天,然后被送上船装进狭小的马棚里,从没有斗牛的国家运往其他国度,出于一些我并不清楚的原因"摇身一变",成了带来利润的马肉罐头。(至于如何处理那些在海上颠簸中无助地死去的最虚弱的动物的尸体,肯定是行业机密。)

关于从印度哲学中那个(无法证明的)论题(即所有的生物都只是同一个存在物的不同侧面或方面而已)所引出的伦理学结论,就讨论到这里;正如之前所说,我和阿尔伯特·史怀哲一样,对这个结论都非常乐于接受。

另一个结论是关于来世论的。这个观点屡见不鲜,可以从《广林奥义书》[①]的一首四行诗当中得到很好的体现。多伊森所译的德文版本为:

Im Geiste sollen merken sie:
Nicht ist hier Vielheit irgendwie;
Von Tod zu Tode wird verstrickt
Wer eine Vielheit hier erblickt.
务必牢记于心:
这里无论如何都不存在多元性;
那些在此看到多元性的人
将面对一个又一个死亡陷阱。

在此需要进行一些说明。这首诗原本就隐含着一种深深植根于婆罗门教和灵魂转世说的信条。那些从小生活在该信条被坚决拒斥的环境中的人们,通常不会想到其传播之广泛会远远

① 译注:已知的《奥义书》约有108种之多,《广林奥义书》是其中较早期的、广为流传的文本之一。

超出他们的想象。人们同样难以想到，对于那些生长在一个和我们全然不同的环境中的婆罗门阶层来说，“死后余生”的存在并非慰藉，反而是苦恼的来源。[①] 一个人在来世的角色和地位被认为取决于他前世所有的善事和恶行的总和（即业报）。尽管这样一种“审判”与其他宗教中的某些信念有一定相似之处，但是相比之下，比方说较之于基督教，它使个体在面对此世中财富分配的不均时能够具有某种超然，而不是漠然的态度。这明显带有贵族气息，完全没有“上帝面前人人平等”的概念。如果你生来就是一个婆罗门（不过这绝不意味着你同时会非常富有），这一荣耀的种姓（就算你很穷，只是另一个婆罗门的仆人）乃是因你在前世所取得的功劳而应得的；如果你生来就是首陀罗（贱民），或者是只野兔或丑陋的癞蛤蟆，那便是你因前世犯下的恶行而自食其果。这样一种信条让人们安于现状，对世上明显的不公视而不见。它与封建贵族制度也有几分相似，只不过是把祖先换成了前世。你之所以是伯爵或公爵，是因为你的某位先祖有功于国王或者国家而被封爵，并且他的后人们（比如远至你）没有犯过什么大错以至于被国王褫夺爵位；当然，他们也确实很有可能在这一显赫的位置上以普通人鲜有机会的方式为国家做出了贡献。

当然，怎么样去努力行善积德才能从一只可怜的蛤蟆一步步投胎成为野兔，然后再至少当个首陀罗，本身也是个问题。

所有这些都只是对上面四句诗的一个初步评论，而不是具体内容的阐释。正如我之前所说，出生—死亡—再生的无尽轮回对婆罗门教的信徒们来说是苦恼之源。人生的目标就是结束

① 公元前1世纪的罗马也存在一个类似的例子。人们对于死后在地狱中骇人的惩罚如此深感担忧，卢克莱修·卡鲁斯在其著名的劝诫诗中试图表达一种令人宽慰的信念，即死亡的确是一切的终结。

这个循环，通过寻求“解脱”以进入一种被《奥义书》比作无梦的熟睡的状态——佛教称之为极乐世界，基督徒和许多神秘主义者称之为置身于上帝或与上帝结合。这个无梦的深眠的类比引人深思：它与卢克莱修·卡鲁斯[①]所谓的“死亡是一切的终结”究竟有何本质区别？在我看来（我不知道我的观点能否在古代文本中找到明确表述），这种状态所隐含的是一种深深的满足感，一种发自内心的极为快乐的感觉，就像一个极度疲惫的年轻人饱饱地、没有做梦地熟睡了一大觉之后，充满活力地醒来时那种感觉。他非常清楚地感知到自己并不是只打了一小会儿盹，而是沉睡了很长时间。但是睡醒之后，关于睡眠期间的事情他什么也不知道，什么也记不住了，除了睡得好和好得不能再好了之外。

现在，我们至少要谈谈那四句诗的含义。“这里无论如何都不存在多元性”，这句话本身就是《奥义书》里的神秘主义—形而上学信条：那些脆弱的生灵所展现的多元性仅仅是表象（幻象）而已；实际上它们都只是同一个存在物的不同方面。诗的后半部分所体现的来世论，则是真正的麻烦所在：寻求解脱，也就是结束无尽的生死轮回的不可或缺的条件是，诚心诚意地接受这一神秘主义信条，全身心地去体悟它、信奉它，而不是口头说说而已。

这确实令人不安。它实际上是“因知识而得救”。它甚至比路德的“因信仰而得救”（能否拥有这种信仰并不取决于个人意志）或者奥古斯丁的“因神的恩典而得救”（能否得到恩典同样是个人无法左右的）还要糟糕，或者至少一样糟。吠檀多学说的“因知识而得救”与这两者都密切相关，但站在一个接受了《奥义

① 译注：卢克莱修·卡鲁斯（Lucretius Carus，约前99—约前55），罗马共和国末期的诗人和哲学家，以哲理长诗《物性论》著称于世。他反对当时盛行的毕达哥拉斯学派关于灵魂不灭和轮回转世的学说，认为思想和灵魂都是有生死的。

书》教导的信徒的立场来看，它可以说是三者中最麻烦的。因为知识的获得不仅要求聪慧，也需要用于沉思的闲暇。奥古斯丁式的恩典完全是碰运气，路德式的因信仰而得救也差不多是同一回事，因为能否拥有信仰并不取决于个人的功绩而是神的恩典。之所以说因知识而得救要比这两者还糟糕，是因为求知的过程并不全是碰运气，而是一场下了注的比赛——即使是关于逻辑真理的知识也如此，虽然我们这里讨论的知识不关乎真理，而是神秘主义和形而上学的原则。聪明人在比赛中占有优势，富裕者更是如此——他们的生活需求有人照料，自己可以全心全意地投入形而上学的思考。当然，另一方面，吠檀多派关于救赎的信念要比其他两个说法温和得多，因为得救的希望并不仅仅限于一个人的一生。如果在此世中没有达成，还有不断轮回的来世。至于如何轮回，则取决于一个人所积的德和所作的恶（业报）。如果愿意的话，人们可以寄希望于通过"行善积德"，最终过上一个充满智慧、闲暇并且勤勤恳恳的生活，从而把握同一性的信条并获得救赎。不过，这其中仍然带有某种"唯一的赐福者"的意味。当然，也许所有真正的宗教多多少少都有这个特点。

如果今天还有人想要接受吠檀多式世界观，那么我的首要建议就是最好先抛弃灵魂转世说。这倒不是因为基督教对它的否认。首先，因为基督教如今已经远远不像我们从洗礼登记簿上所看到的那样广为流传了；其次，我们对于希腊文化的继承并不亚于登山宝训[①]——连登山宝训最早的文本都是用希腊语写

① 译注：《圣经·新约·马太福音》第五章到第七章里，耶稣基督在山上把天国里的法则说给他的门徒们听，这些话被称为"登山宝训"，也作"耶稣论道""山上宝训"。

的,不过不是亚里士多德或普鲁塔克[1]所使用的那种希腊语,而是在亚历山大远征[2]后的许多个世纪中似乎成为东地中海和近东地区通用语的那种简单、愉快的流行语言。而对于早期希腊人来说,灵魂转世说绝不是什么陌生的观念,从毕达哥拉斯传统中就可以看出来。但是,如果考虑到个体记忆将完全消除的话,灵魂转世说从逻辑上就会说不通。事实上,毕达哥斯拉学派也确实将一种能使人记住其前世之事的神奇力量赋予了一些非凡之人,如毕达哥拉斯;该学派的门徒们甚至认为他已经通过认出一些此前从未见过的事物和地点而证明了这一点!在我看来,如果不解决记忆这个基本的问题,即使是偶尔的和特殊情况下的记忆问题,那么这种针对某一特殊身份的说法整个都会站不住脚。由此我们可以联想到许多事情:其一是柏拉图著述中的苏格拉底所发展的美妙想法,即学习的过程就是唤醒以往所知道却又忘记了的知识的过程;其二是在现代进化论和动物心理学中起到重要作用的种族记忆。(这里我不禁想起理查德·西蒙的两本书:《记忆基质》和《记忆基质研究》。在生物学上,西蒙的观点遭到反对,其将记忆与其他各种现象进行类比的做法被认为几乎没有意义,因为记忆本身就是所有生物现象中我们了解得最少的。我个人认为,这种指责就好比说:关于所有的原子核都是由质子—中子“二阶体”构成的这一说法几乎没有意义,因为迄今为止我们对这些粒子几乎一无所知。)

然而,如果一个活在当代并深陷苦恼的人或者一只活在当

---

① 译注:普鲁塔克(Plutarch,46—120),罗马传记文学家、散文家以及柏拉图学派的知识分子,用希腊文写作,著有《希腊罗马名人传》(*Parallel Lives*)和《掌故清谈录》(*Moralia*)。

② 译注:指公元前334年至公元前324年,马其顿国王亚历山大对东方的波斯等国发动的战争。

代的蛤蟆,要为一个他或它完全不记得的、早已死去的作恶者犯下的不端行为来承担后果,这听起来无论如何也太奇怪了。我们必须摒弃那种特殊身份的说法,也要放弃与之相伴的通过智慧解脱生死轮回而获救赎的贵族式态度和观念,因为生死轮回并不存在。当然,我们也无法拯救俗世中虚伪的正义。但是,我们仍能保有关于统一性、关于一切同有所属的动人想法,正如前面的拉丁语和德语引文所示。叔本华说,这正是他生有所藉,并将死而无憾的缘由。同时,它也可以承担起一个“真实存在的外部世界”的功能,尽管其神秘主义和形而上学色彩丝毫不减;“外部世界”的说法仍然很有意思——但不会比“我们头脑中的世界”更有意思,也不能顺理成章地带来伦理学上的启迪。

惊讶的两点缘由:伪伦理学

首先来总结一下。我们发现,事情有两个引人注目的状态,每一个都有其令人惊讶之处。非常细致地对这两者进行区分很重要,因为用来描述它们的词语十分相似,很容易将其混为一谈。如果说我们当前的研究有任何新意的话,简单说来,那就是指出了区分这两个发现的必要性。

第一个令人惊讶之处在于,虽然我自己的意识领域与其他人之间完全是截然分隔的(任何头脑清楚的人都不会否认),但正如之前所简要勾勒的方式,人类仍然在模仿本能的驱使下形成并发展出了一门共同语言,继而不可避免地意识到我们经验中的某些部分具有深层次的、结构性的相似之处(这些部分就是所谓的外部);一言以蔽之,就是意识到我们所生活的是同一个世界。这样一个过程可以在任何一个成长期的儿童身上观察得到;我们无法怀疑这一点,要注意的反而是避免对它习以为常从而失去新奇感。

然而,还有另一件值得惊讶的事情,它与克服人与人之间意识的隔膜从而认识到我们生活在同一个世界中的神奇方式有所不同——此处的“我们”不是指见解深刻、学识渊博的思想家,而是远远未到学龄的小孩子。这另一件事情就是,尽管我们每个人的意识领域都彼此分隔,但对于何者被称为意识之外的内容居然达成了广泛的共识或一致。这是如何做到的呢?还是说,像前一部分所述的那样,所谓的一致只是我们自己臆造的吗?你的梦中有我和其他一切,我的梦中也有你和其他一切,而两个梦衔接得天衣无缝?但是,这只是不明智地玩弄辞藻罢了。

那么,我们确实是在处理两个令人惊奇的事态。我认为,通过考察语言上的理解在个体发育和种系发育(如果可能的话)上的起源,可以科学、理性地认识第一点。如果说这立即就意味着首先要预设第二点,我不会有任何反对意见。但我认为,重要的是这第二点并不能从理性的角度去理解。为了分析它,我们会回到两个非理性的、神秘主义的假设:要么(1)假设所谓的外部世界是真实存在的,要么(2)承认我们的确只是同一个“一”的不同方面。如果有人认为这两点似乎最终都会归结为同一个观点,我也不会反对。该观点就是泛神论,这里所谓的“一”就是上帝—自然。但是,这就涉及承认泛神论假设的第一种形式(存在真实的外部世界)具有形而上学的特点,正是这一特点使我们与庸俗的唯物主义大相径庭。从第二种形式(即同一性的信条)出发,则更容易真正产生伦理学上的影响。

不得不承认,同一性的信条看起来更加富于神秘主义和形而上学色彩。它加大了理解我们的经验为何存在不同的共享程度的困难。假设我生活在帕克街 6 号,我有一个志趣相投的好朋友住在隔壁的8号。我们每个星期都会见上三四面，一同外出、一起旅行等。（唉，这些还有下面的情形都只是想象而已。）那么，可以说我们两人在相当大的程度上生活在“同一个世界中”。同样的说法也适用于我和另外一个志趣相投、住在洛杉矶的好朋友之间，只不过程度更低一些而已；也适用于我和那位同样住在帕克街6号的非常称职的看门人之间，他是个退休了的银行职员，主要兴趣是集邮和足球博彩。但是，如果我有一只狗定期和我出去散步，每次出门它都傻乎乎地汪汪叫，乐此不疲地蹦来蹦去，那么我们之间也就有了很强的关系（即便只有情感上的关系），因为我更愿意和它一块儿而不是一个人出去散步健身。最终我们会碰到下述情形：我和大卫·休谟，我和弗里德里希·席勒，我和德谟克利特，我和色诺芬尼，等等。关于真实存在着一个外部世界的假说，至少能够以一种比较自然的方式就其中一些情形解释它们为何存在不同的经验共享程度，因为它包含了关于时间和空间或者时—空的实在。同一性的信条则仍然需要一些非常透彻的思考，才有可能合理解释上述情形的差异，这些思考也许至今尚未完成。但在我看来，这只是一个小小的缺陷而已。它为人们短暂的一生提供了最高层次的伦理准则和深深的宗教慰藉，唯物主义则一个都提供不了。尽管很多人相信，天文学告诉我们的一些观点，比如有数量庞大的恒星及其可能适宜人类居住的行星、有许多个包含这类恒星的星系以及宇宙最终可能是有限的，再加上我们在晴朗的夜晚所感受到的、难以描述的无际星空，也能够带来伦理上和宗教上的慰藉，但我个人认为这一切都是幻境，尽管这种幻境以一种极为有趣的形式表现出很强的规律性。它跟我个人的不朽基业（借用一下这个中世纪气息十足的表达）几乎没有半点关系。不过，这是个人品位的问题。

不得不承认的还有，关于我们生活在同一个世界中的解释不论采取何种形而上学的表述,都会引出某种伦理学,我且冒昧称之为伪伦理学。经验表明,正因为处在同一个世界之中,我们一方面能给彼此的身体和心灵造成极大的伤害,另一方面,只要懂得倾听,也可以相互帮助、愉悦彼此。因为我们发现,一旦能够在语言上相互理解,人们将十分乐于交谈,有时甚至乐于求教。(所有惩罚中最重的莫过于长期单独囚禁一个人而不让他读书或者写作——读书起码可以使其倾听作者,写作至少能够让他与未来的读者进行一些潜在的交流。)总体来说,一个人因身边的人们善待他而得到的幸福,要超过他因善待身边的人而牺牲的幸福;反过来,他因伤害其他人而获得的快乐,则比不上他受另一个比他强大的第三者对他造成的同样伤害而损失的快乐;此外,这一切当中还有某种天然的相互性在起作用。因而我们可以说,如无例外,完全的理性思考的效果就是,人们都会以非常恰当、得体的举止对待彼此,而且总体上也会表现出对伦理道德的追求。这种伪伦理学体现在众多的格言之中,比如"己所不欲,勿施于人"或"诚实乃上上之策"。甚至连"一帽在手,遍行天下"①也包括在内,因为它相当于要求对每一个人都假意逢迎,尤其是对那些有影响的人物。如果去读一读那本也许是整个世界文学中最著名的小说②,回味一下桑丘·潘萨那些常常充满着经久不衰的民间俗语的台词,你一定会发现更多这类伪伦理学的格言,构成一种几乎可称之为功利主义道德的东西。当然,如果想从这位诚实好侍从的大量台词中贴切地体会出那种滑稽可爱的特点,单单掌握语言上的知识是远远不够的,还需

① 译注:这句话意指恭敬谦让、注重礼节,不管在哪里都很受用。17 世纪后半期开始,帽子成为绅士必携带的物品之一,即使不戴在头上也要随手拿着。

② 译注:指西班牙作家塞万提斯的著名小说《堂·吉诃德》。下文的桑丘·潘萨(Sancho Panza)是主人公堂·吉诃德的忠实侍从。

要对那个时代(三四个世纪之前)整个的西班牙谚语宝库比较熟悉。那些谚语知识在当时无疑是非常丰富的,我觉得现在应该也是。对这位了不起的桑丘的进一步考察(不过与此处的讨论无关)也许可以使人认识到,一个脑海中充满这类功利主义言辞,连讨价还价都感到胆怯,而且甚至对毛毯跳[①]这种无疑令人不快但并不残忍的游戏都感到非常害怕的人,居然仍有可能成为一个如此忠实的侍从,随时准备在不可避免的时候接受主人鞭挞和辱骂(尽管他可能也会对此唉声叹气,喋喋抱怨)。所以,我们不必对伪道德太过鄙视,比如从存在着一个真实世界或像我一样的其他自我这类惯常假设而得出的伪道德。毕竟,有它聊胜于无。但是,从另一个观点出发得出的伪道德对我们来说似乎更为高贵,它已在前文的德语和拉丁语诗篇中提到过,并被那位可怜的悲观主义者阿瑟·叔本华视作生和死的慰藉。叔本华本人有没有按照这一更高的伦理准则去生活并不重要。他日记中那句臭名昭著的"老妇死,重负释"显示他并没有这么做(据说这句话说的是一个他在暴怒中推下楼梯的女裁缝,法庭裁定他每月付给她一定的赔偿)。我更愿意跟桑丘·潘萨而不是叔本华打交道;桑丘在两人当中更加正派、得体。当然,叔本华的著作仍然十分精彩——除了有时候会突然冒出一些迷信似的愚蠢说法之外。但是,正如我们从那古老、优美而简洁的同一性信条后来在印度本地的发展中所看到的一样,这似乎也是它的厄运所在:它太容易在不经意之间就招徕愚昧的想法。的确,"奇迹是信仰最疼爱的孩子"。信仰越是精致、微妙、抽象和神圣,就越要担心人类那软弱无力的精神会死死地抓住奇迹——无论是多么愚昧的奇迹——作为其归宿和支撑。

① 译注:一种类似蹦床的游戏,数人用毛毯兜住一人将其抛向空中,待其落回毛毯再接着抛。

科学元典丛书（红皮经典版）

1	天体运行论	［波兰］哥白尼
2	关于托勒密和哥白尼两大世界体系的对话	［意］伽利略
3	心血运动论	［英］威廉·哈维
4	薛定谔讲演录	［奥地利］薛定谔
5	自然哲学之数学原理	［英］牛顿
6	牛顿光学	［英］牛顿
7	惠更斯光论（附《惠更斯评传》）	［荷兰］惠更斯
8	怀疑的化学家	［英］波义耳
9	化学哲学新体系	［英］道尔顿
10	控制论	［美］维纳
11	海陆的起源	［德］魏格纳
12	物种起源（增订版）	［英］达尔文
13	热的解析理论	［法］傅立叶
14	化学基础论	［法］拉瓦锡
15	笛卡儿几何	［法］笛卡儿
16	狭义与广义相对论浅说	［美］爱因斯坦
17	人类在自然界的位置（全译本）	［英］赫胥黎
18	基因论	［美］摩尔根
19	进化论与伦理学(全译本)(附《天演论》)	［英］赫胥黎
20	从存在到演化	［比利时］普里戈金
21	地质学原理	［英］莱伊尔
22	人类的由来及性选择	［英］达尔文
23	希尔伯特几何基础	［德］希尔伯特
24	人类和动物的表情	［英］达尔文
25	条件反射：动物高级神经活动	［俄］巴甫洛夫
26	电磁通论	［英］麦克斯韦
27	居里夫人文选	［法］玛丽·居里
28	计算机与人脑	［美］冯·诺伊曼
29	人有人的用处——控制论与社会	［美］维纳
30	李比希文选	［德］李比希
31	世界的和谐	［德］开普勒
32	遗传学经典文选	［奥地利］孟德尔 等
33	德布罗意文选	［法］德布罗意
34	行为主义	［美］华生

35 人类与动物心理学讲义 ［德］冯特
36 心理学原理 ［美］詹姆斯
37 大脑两半球机能讲义 ［俄］巴甫洛夫
38 相对论的意义：爱因斯坦在普林斯顿大学的演讲 ［美］爱因斯坦
39 关于两门新科学的对谈 ［意］伽利略
40 玻尔讲演录 ［丹麦］玻尔
41 动物和植物在家养下的变异 ［英］达尔文
42 攀援植物的运动和习性 ［英］达尔文
43 食虫植物 ［英］达尔文
44 宇宙发展史概论 ［德］康德
45 兰科植物的受精 ［英］达尔文
46 星云世界 ［美］哈勃
47 费米讲演录 ［美］费米
48 宇宙体系 ［英］牛顿
49 对称 ［德］外尔
50 植物的运动本领 ［英］达尔文
51 博弈论与经济行为（60 周年纪念版） ［美］冯·诺伊曼 摩根斯坦
52 生命是什么（附《我的世界观》） ［奥地利］薛定谔
53 同种植物的不同花型 ［英］达尔文
54 生命的奇迹 ［德］海克尔
55 阿基米德经典著作集 ［古希腊］阿基米德
56 性心理学、性教育与性道德 ［英］霭理士
57 宇宙之谜 ［德］海克尔
58 植物界异花和自花受精的效果 ［英］达尔文
59 盖伦经典著作选 ［古罗马］盖伦
60 超穷数理论基础（茹尔丹 齐民友 注释） ［德］康托
61 宇宙（第一卷） ［德］亚历山大·洪堡
62 圆锥曲线论 ［古希腊］阿波罗尼奥斯
63 几何原本 ［古希腊］欧几里得
64 莱布尼兹微积分 ［德］莱布尼兹
65 相对论原理（原始文献集） ［荷兰］洛伦兹 ［美］爱因斯坦 等
66 玻尔兹曼气体理论讲义 ［奥地利］玻尔兹曼
67 巴斯德发酵生理学 ［法］巴斯德
68 化学键的本质 ［美］鲍林

科学元典丛书（彩图珍藏版）

自然哲学之数学原理（彩图珍藏版）	［英］牛顿
物种起源（彩图珍藏版）（附《进化论的十大猜想》）	［英］达尔文
狭义与广义相对论浅说（彩图珍藏版）	［美］爱因斯坦
关于两门新科学的对话（彩图珍藏版）	［意］伽利略
海陆的起源（彩图珍藏版）	［德］魏格纳

科学元典丛书（学生版）

1 天体运行论（学生版）	［波兰］哥白尼
2 关于两门新科学的对话（学生版）	［意］伽利略
3 笛卡儿几何（学生版）	［法］笛卡儿
4 自然哲学之数学原理（学生版）	［英］牛顿
5 化学基础论（学生版）	［法］拉瓦锡
6 物种起源（学生版）	［英］达尔文
7 基因论（学生版）	［美］摩尔根
8 居里夫人文选（学生版）	［法］玛丽·居里
9 狭义与广义相对论浅说（学生版）	［美］爱因斯坦
10 海陆的起源（学生版）	［德］魏格纳
11 生命是什么（学生版）	［奥地利］薛定谔
12 化学键的本质（学生版）	［美］鲍林
13 计算机与人脑（学生版）	［美］冯·诺伊曼
14 从存在到演化（学生版）	［比利时］普里戈金
15 九章算术（学生版）	〔汉〕张苍〔汉〕耿寿昌 删补
16 几何原本（学生版）	［古希腊］欧几里得

科学元典·数学系列
科学元典·物理学系列
科学元典·化学系列
科学元典·生命科学系列
科学元典·生命科学系列（达尔文专辑）
科学元典·天学与地学系列
科学元典·实验心理学系列
科学元典·交叉科学系列

达尔文经典著作系列

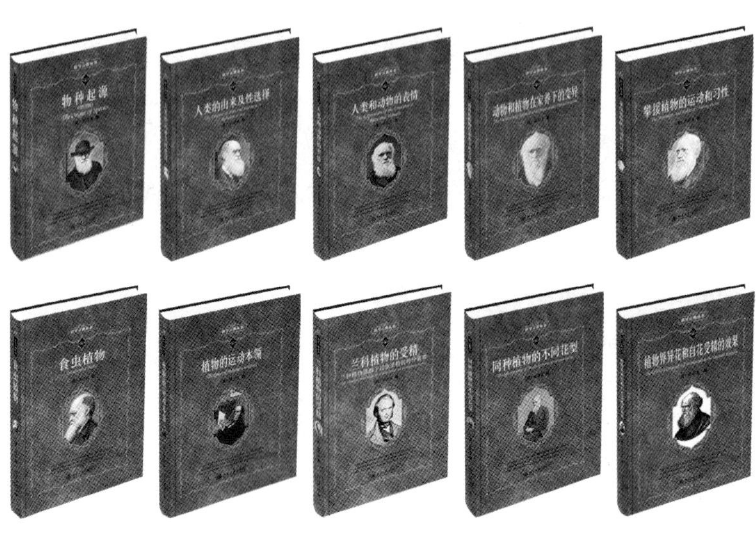

已出版：

物种起源	〔英〕达尔文 著　舒德干 等译
人类的由来及性选择	〔英〕达尔文 著　叶笃庄 译
人类和动物的表情	〔英〕达尔文 著　周邦立 译
动物和植物在家养下的变异	〔英〕达尔文 著　叶笃庄、方宗熙 译
攀援植物的运动和习性	〔英〕达尔文 著　张肇骞 译
食虫植物	〔英〕达尔文 著　石声汉 译　祝宗岭 校
植物的运动本领	〔英〕达尔文 著　娄昌后、周邦立、祝宗岭 译 祝宗岭 校
兰科植物的受精	〔英〕达尔文 著　唐　进、汪发缵、陈心启、 胡昌序 译　叶笃庄 校，陈心启 重校
同种植物的不同花型	〔英〕达尔文 著　叶笃庄 译
植物界异花和自花受精的效果	〔英〕达尔文 著　萧辅、季道藩、刘祖洞 译 季道藩 一校，陈心启 二校

即将出版：

腐殖土的形成与蚯蚓的作用	〔英〕达尔文 著　舒立福 译
贝格尔舰环球航行记	〔英〕达尔文 著　周邦立 译